AF260400

ÉLÉMENTS

D'ARITHMÉTIQUE

Dans ce petit travail, on a visé à dépouiller le plus possible l'Arithmétique de ses formes arides et savantes, afin d'en rendre l'étude plus facile et plus agréable aux jeunes personnes. Si donc l'on veut un cours plus complet ou plus savant, on consultera ceux qui existent déjà ; ils sont nombreux. Cette remarque s'applique aussi aux démonstrations qui sont omises à dessein.

ÉLÉMENTS

D'ARITHMÉTIQUE

S. C.

T. P. M.

PARIS

M. VRAYET DE SURCY, LIBRAIRE-ÉDITEUR

RUE DE SÈVRES, 19

1865

ÉLÉMENTS
D'ARITHMÉTIQUE.

PREMIÈRE PARTIE.

NOTIONS PRÉLIMINAIRES.

1. L'*Arithmétique* est la *science* des nombres. Elle en fait connaître les propriétés, donne la raison des procédés qu'on emploie pour combiner les nombres. C'est la *théorie* jointe à la *pratique*.

2. Le *calcul* est *l'art* (méthode, manière) de combiner les nombres, c'est-à-dire de les composer et de les décomposer à l'aide de certains procédés nommés opérations. En un mot, c'est la pratique.

3. Une *quantité* ou *grandeur* est une chose susceptible d'être augmentée, diminuée, mesurée. Exemples : la superficie, la longueur, les valeurs pécuniaires, les arbres, etc.

4. Une *unité* est une quantité prise arbitrairement pour servir de terme de comparaison entre les quantités de même espèce. C'est encore l'élément des nombres. Toutes les unités ne sont pas prises arbitrairement. Exemples d'unités : un franc, un gramme, un arbre, un homme.

5. On appelle *fraction* toute quantité moins grande que l'unité.

6. Un *nombre* est la réunion de plusieurs unités de

même espèce. C'est encore le **résultat** de la comparaison d'une grandeur avec son unité.

Il y a deux sortes de nombres : 1° le nombre *entier* qui ne renferme que des unités (3 mètres); 2° le nombre *fractionnaire* qui renferme des unités et des parties d'unité (3, 50 $3+\frac{2}{3}$).

On distingue trois sortes de nombres fractionnaires :

Le *nombre fractionnaire* proprement dit ($6+\frac{3}{4}$).

Le nombre *décimal*, dont les fractions sont toutes de dix en dix fois plus petites les unes que les autres (6, 75). Le nombre *complexe*, dont les fractions ne sont pas soumises à un mode régulier de subdivision (3 ans 20 jours). Ces nombres peuvent être *concrets*, s'ils désignent l'espèce d'unité et *abstraits* s'ils ne la désignent pas.

8. Pour *combiner* les nombres, on emploie 4 opérations : on les compose à l'aide de *l'addition* et de la *multiplication;* on les décompose par la *soustraction* et la *division*. C'est ce qu'on appelle les quatre règles.

9. Il y a cinq choses à considérer dans toute opération :

1° La *définition* qui en détermine la nature.

2° La *règle* ou procédé à suivre pour arriver au but.

3° L'*opération* proprement dite.

4° La *démonstration* ou raisonnement développé de la définition.

5° Le *résultat* ou but de l'opération.

10. On appelle *preuve* une seconde opération qui sert à vérifier l'exactitude de la première.

11. Un *axiome* est une proposition évidente par elle-même; elle se pose en principe et ne se prouve pas. Exemples : deux choses égales à une troisième sont égales entre elles. La ligne droite est le plus court chemin pour aller d'un lieu à un autre. — Deux fois deux font quatre.

Un *théorème* est une vérité qui ne devient évidente qu'à l'aide d'une démonstration. Exemple : la manière de soustraire avec ou sans emprunt est la conséquence d'un théorème ; de même la faculté d'intervertir l'ordre des facteurs dans une multiplication.

Souvent la nuance entre un axiome et un théorème, est difficile à saisir, tant il y a peu de différence.

Un *problème* est une question qui exige une solution.

NUMÉRATION DES NOMBRES ENTIERS.

1. La numération est l'art de *former*, *d'énoncer* et de *représenter* les nombres. La numération française est *décimale*.

Loi de la formation des nombres.

2. On forme les nombres en ajoutant *une* ou *plusieurs* fois l'unité à elle-même. Quand on a réuni 10 unités, on forme de cette collection une nouvelle unité qu'on appelle *dizaine*. On agit de même pour former les centaines, les mille, etc. (dix dizaines font une centaine, etc.).

3. D'après l'*ordre* qu'on a suivi en les formant, les *unités simples* s'appellent unités du 1er *ordre* ; les *dizaines*, unités du 2e *ordre* ; les *centaines*, unités du 3e *ordre*, etc.

4. Chaque ordre d'unité est *dix fois* plus *grand* que celui qui le précède et *dix fois* plus *petit* que celui qui le suit.

5. Enfin pour que l'esprit arrive plus aisément à

l'idée exacte de la grandeur des nombres, on réunit les ordres *trois* par *trois* pour en former des classes. La réunion des trois premiers ordres forme la 1re classe : les 3 ordres de *mille* forment la 2e classe et ainsi de suite. De sorte que chaque classe est *mille* fois plus grande que celle qui la précède, et *mille* fois plus petite que celle qui la suit.

TABLEAU DE TOUTE LA NUMÉRATION.

1re *classe.* Billions.			2e *classe.* Millions.			3e *classe.* Mille.			4e *classe.* Unités.		
Cent. de billions.	Diz. de billions.	Unités de billions.	Cent. de millions.	Diz. de millions.	Unités de millions.	Centaines de mille.	Dizaines de mille.	Unités de mille.	Centaines.	Dizaines.	Unités.
12	11	10	9	8	7	6	5	4	3	2	1er ordre.

6. De la loi de formation des nombres, il résulte :

1° Que la quantité en est infinie, puisqu'on peut toujours ajouter au nombre le plus grand, une nouvelle unité qui l'augmentera et en fera un nombre nouveau.

2° Que *dix unités* d'un ordre quelconque valent *une* unité de l'ordre immédiatement *supérieur*, et qu'*une unité* d'un ordre quelconque vaut 10 *unités* de l'ordre immédiatement *inférieur*.

3° Que le nombre *dix* joue le rôle important et devient la base de notre numération qui est dite *décimale*. Tout autre nombre eût pu devenir la base d'un système de numération (8 12) mais, aucun n'eût pu être aussi simple, aussi naturel (les 10 doigts, origine probable).

7. On distingue 2 sortes de numération : la numération *parlée* et la numération *écrite*.

La numération parlée est l'art d'*énoncer* les nombres avec une *quantité de mots limitée*. 26 mots seulement suffisent pour énoncer les nombres jusqu'aux trillions. C'est l'effet d'une habile combinaison. Ces mots sont *un, deux* et vingt... cent — mille — million.

La numération écrite est l'art de *représenter* tous les nombres possibles avec une quantité *limitée* de caractères appelés *chiffres*. Il en faut autant qu'il y a d'unités à la base, notre système étant décimal, il y en aura donc dix y compris le zéro. Ce sont 1. 2. 3. 4. 5. 6. 7. 8. 9. 0. Les 9 premiers sont appelés chiffres *significatifs* parce qu'ils ont une valeur intrinsèque; le zéro est appelé *insignificatif* parce qu'il n'a nulle valeur réelle; mais il sert à conserver aux autres chiffres leur valeur relative, en remplaçant les ordres d'unités qui manquent. Ces dix chiffres habilement combinés suffisent à exprimer toutes les quantités possibles : on est convenu que tout chiffre placé à la *gauche* d'un autre, représente des unités *dix fois* plus *grandes*, et qu'au contraire tout chiffre placé à la *droite* d'un autre représente des unités *dix fois* plus *petites*.

De là résulte que les chiffres ont deux valeurs : l'une *nominale* ou *absolue*, est celle que le chiffre a par lui-même (4); l'autre *relative* ou de *position* est celle qu'il acquiert par la place qu'il occupe dans le nombre (40).

Il ne faut pas employer indifféremment le mot *chiffre* pour le mot *nombre :* le nombre est l'idée, le chiffre n'est que le signe.

Écriture des nombres entiers.

Règle : On écrit les nombres de *gauche* à *droite* en commençant par les unités des ordres les plus élevés, en ayant soin dans les commencements surtout, de séparer les *classes* les unes des autres par des points ou des virgules, et de remplacer par des zéros, les ordres et même les classes entières qui pourraient manquer. La dernière classe à gauche peut n'avoir qu'un seul chiffre (875.000.304).

Lecture des nombres entiers.

Règle : Il faut commencer par la *gauche* et nommer successivement toutes les classes dans leur ordre naturel ; on ne nomme ni les classes, ni les ordres représentés par des zéros...

Signes.

10. Signes abréviatifs, dits algébriques : $=$ égale. $+$ plus. $-$ moins. $\times$ multiplié par. $>$ ou bien. $:$ ou bien encore. $\frac{18}{4}$ divisé par.

Ils sont extrêmement en usage dans les problèmes.

Les Romains se servaient de lettres pour représenter les nombres ; c'étaient leurs chiffres, que nous appelons encore chiffres romains. (Les voir à la fin.)

DE L'ADDITION DES NOMBRES ENTIERS.

Définition.

1. L'addition est une opération qui a pour but de *réunir* plusieurs nombres de *même nature* en un *seul*, qu'on appelle *somme* ou *total*. C'est le *résultat* de l'opération.

Manière d'opérer.

2. Pour additionner les nombres entiers, on les écrit les *uns sous les autres*, de façon que les unités du *même ordre* soient dans une même colonne verticale : les unités sous les unités, les dizaines sous les dizaines, etc.

On souligne le tout par un trait horizontal, sous lequel on écrit le *total*. On commence par la droite à additionner tous les chiffres des unités; si le total est plus faible que 9, on l'écrit sous la colonne des unités; s'il excède 9, il contient des dizaines avec les unités, ou seulement des dizaines, comme 20, 30, 80. Dans le premier cas, on écrit les unités, dans le second cas, on pose un zéro, et, dans l'un et l'autre cas, on retient les *dizaines* pour les reporter à la colonne des dizaines, et ainsi de suite.

Les colonnes n'ont pas besoin d'être toutes remplies, elles peuvent être *inégales*, vers la gauche seulement.

3. L'addition pourrait être faite de gauche à droite, mais ce serait un procédé plus long à cause des retenues.

Preuve.

4. La preuve se fait par une seconde addition en sens *inverse*, de bas en haut, ou bien encore par la *soustraction :* on additionne tous les nombres *moins un ;* puis retranchant ce second total du premier, on doit retrouver le nombre *non additionné*.

DE LA SOUSTRACTION DES NOMBRES ENTIERS.

Définition.

1. La soustraction est une opération qui a pour but de *retrancher* un nombre plus *faible* d'un autre plus *fort*.

On peut encore la définir une opération dans laquelle étant donnés le *total* de deux nombres et l'*un* de ces nombres, on cherche l'*autre*.

Le *résultat* s'appelle *reste, excès* ou *différence*, selon le but de l'opération.

La soustraction ne peut se faire qu'entre unités de même espèce.

Méthodes.

2. Il y a deux méthodes pour soustraire : la méthode d'*emprunt* et la méthode *sans emprunt*, la seule suivie aujourd'hui, parce que c'est celle qui s'applique à la division. Elle repose sur ce théorème *que la différence entre deux nombres ne change pas quand on augmente ou qu'on diminue ces deux nombres d'un même nombre.* Exemple :

$$12 + 5 = 17 \qquad 12 - 9 = 3$$
$$9 + 5 = 14 \qquad 17 - 14 = 3 \quad \Big\} \text{ diff. égale.}$$

Manière d'opérer sans emprunt.

3. Pour faire une soustraction, on écrit le plus *petit* nombre sous le plus *grand*, de manière que les unités du même ordre soient les unes sous les autres. On souligne le tout pour séparer du résultat. On commence l'opération par la droite, en retranchant chaque chiffre *inférieur* du chiffre *supérieur* correspondant. Si le chiffre inférieur est plus fort que le supérieur, on *ajoute* à ce dernier *dix unités* de son ordre et l'on *retient une unité* de l'ordre *immédiatement* supérieur, que l'on *ajoute* à *gauche* au *chiffre inférieur*, et ainsi de suite.

Manière d'opérer avec emprunt.

Dans la méthode par emprunt, on retranche également le chiffre inférieur du supérieur correspondant ;

mais, s'il est plus fort que le supérieur, celui-ci *emprunte* sur le chiffre voisin, à gauche, une dizaine ou dix unités qu'on ajoute à sa valeur intrinsèque, puis on soustrait. Le chiffre sur lequel on a emprunté perd un de sa valeur ; s'il est zéro, il ne vaut plus que 9 au lieu de 10 ; il en est de même s'il y a plusieurs zéros de suite ; mais un zéro qui emprunte pour lui vaut 10 s'il est seul ou s'il est le premier des zéros à emprunter et qu'on ne lui ait pas emprunté à lui-même.

Preuve.

4. La preuve se fait par l'addition du *reste* et du nombre *inférieur ;* on doit naturellement retrouver l'autre.

On la fait aussi par la soustraction, en retranchant le *reste* du plus grand nombre ; on doit nécessairement retrouver le plus petit. Elle est fort peu usitée.

DE LA MULTIPLICATION DES NOMBRES ENTIERS.

Définition.

1. La multiplication est une opération qui a pour but de former avec *deux nombres*, appelés, l'un *multiplicateur*, et l'autre *multiplicande*, un *troisième nombre* appelé *produit*, lequel se compose avec le multiplicande, comme le multiplicateur se compose avec l'*unité*.

Cette définition est générale et convient aux fractions aussi bien qu'aux entiers. En effet, si le multiplicateur est 6 *fois plus grand* que l'unité, le produit sera nécessairement aussi 6 fois plus grand que le multiplicande, et si le multiplicateur n'est que le $\frac{1}{3}$ de l'unité, le produit ne sera que le $\frac{1}{3}$ du multiplicande. Exemple :

$4 \times 6 = 24$, produit 6 fois plus fort que le multiplic".

$4 \times \frac{1}{4} = 1$,   produit 4 fois moindre que le multiplic^e 4.

2. Lorsque l'on ne multiplie que des nombres en-tiers, l'on peut dire que la multiplication consiste à répéter le multiplicande autant de fois qu'il y a d'uni-tés dans le multiplicateur, pour obtenir un troisième nombre appelé produit. Cette définition est plutôt une méthode abrégée de faire la multiplication qu'une défi-nition véritable.

3. Multiplicande veut dire *qui est multiplié*.

Multiplicateur veut dire *qui multiplie*.

Ces deux termes sont appelés *facteurs* du produit.

4. On dit que la multiplication est une addition abrégée : ce n'est vrai qu'en certains cas seulement.

Manière de faire la table de multiplication.

La table de multiplication, dite de Pythagore, peut être faite sans le secours de la multiplication, au moyen de l'addition. Il suffit, après les préparatifs nécessaires au carré, *d'ajouter* le premier nombre de chaque co-lonne à *lui-même*, puis au *dernier total* que l'on vient de former.

Règle à suivre pour multiplier.

On écrit d'abord le multiplicande et au-dessous le multiplicateur que l'on souligne horizontalement. On commence à multiplier le multiplicande par son *premier chiffre à droite*, par le *premier chiffre à droite* du multiplicateur; en un mot, on commence par les unités les plus faibles, pour finir par les unités des or-dres supérieurs. On fait autant de *produits partiels* qu'il y a de chiffres au multiplicateur, ayant soin de conserver le *rang d'ordre* du chiffre par lequel on multiplie.

Quand le dernier produit partiel est fini, on le souligne et on l'additionne avec tous les autres ; le résultat de cette opération donne le *produit général* ou résultat de la multiplication.

5. Pour multiplier un nombre entier par l'unité suivie de zéros, comme 10, 100, 1000, il suffit d'ajouter à la droite du multiplicande autant de zéros qu'il y en a dans le multiplicateur.

Lorsque l'un des facteurs ou tous les deux sont terminés par des zéros, comme 6400×2500, on peut négliger ces zéros dans l'opération et n'en tenir compte qu'au produit, à la droite duquel on ajoute autant de zéros qu'il y en a aux deux facteurs.

6. On pourrait intervertir l'ordre des produits partiels, ayant soin seulement de conserver le *rang d'ordre* à chaque chiffre.

7. On pourrait aussi commencer par la gauche, mais ce serait interminable à cause des retenues.

8. On peut intervertir *l'ordre des facteurs* sans *changer* le produit général, mais il faut se rappeler toujours que ce produit doit être de la *nature du multiplicande ;* le multiplicateur est considéré comme abstrait. Ce principe est fondé sur un théorème.

9. On appelle *sous-multiple* ou *facteur* d'un nombre, tout nombre qui, multiplié par un autre nombre, peut reproduire ce nombre. Exemple : 9 et 12 sont avec 4 et 3 les sous-multiples de 36 ; en effet, $9 \times 4 = 36$, $12 \times 3 = 36$; 2 et 18 sont également facteurs de 36.

10. Le *multiple* d'un nombre est donc le produit de deux nombres entiers multipliés l'un par l'autre. Ainsi, 36 est le multiple des nombres 9 et 12, etc. Ne pas confondre les sous-multiples avec les *facteurs premiers,* dont il sera parlé plus loin.

Usages de la multiplication.

1. On l'emploie quand on connaît le prix d'un seul objet et qu'on cherche celui de plusieurs.

2. Quand on veut convertir des unités plus fortes en unités plus petites.

3. Quand on veut tripler, quadrupler, centupler, etc., un nombre.

Preuve.

On fait la preuve d'une multiplication. 1° Par la multiplication, en intervertissant l'ordre des facteurs ; ou bien en doublant l'un, tandis qu'on prend la moitié de l'autre.

2° Par la division du *produit* par l'un des *facteurs* pour retrouver l'autre.

3° Preuve par 9. Elle se fait en additionnant tous les chiffres du multiplicande, en passant les 9 s'il y en a, puis on divise le total par 9 et on pose le reste. Ou bien à mesure qu'on a 9, on le retire, puis on continue d'additionner le reste avec les chiffres suivants et on pose le dernier reste dans le premier angle d'une croix. Même opération sur le multiplicateur ; on en pose le reste dans le second angle. Ensuite on multiplie les deux restes l'un par l'autre ; on ôte les 9 s'il y en a dans ce petit *produit*, et on pose le reste dans le troisième angle. Enfin on opère sur le produit, on pose le reste dans le quatrième angle. La règle est bonne si les *restes* des deux *produits* sont pareils. Cette preuve

1er reste	3e reste
2e reste	4e reste

n'est pas infaillible, mais elle est vite faite, très-commode et d'ailleurs les erreurs y sont rares ; le principal est de ne pas faire de fautes en chiffrant.

DE LA DIVISION DES NOMBRES ENTIERS.

Définition.

1° La division est une opération par laquelle on cherche un nombre appelé *quotient*, lequel multipliant un autre nombre appelé *diviseur*, reproduise un troisième nombre appelé *dividende*.

Cette définition renferme la manière de faire la preuve de la division.

2° La division est une opération dans laquelle le *produit* de deux nombres étant donné et *l'un* de ces nombres, on cherche *l'autre*.

Cette définition exprime les rapports de la division avec la multiplication, dont elle est la preuve et la décomposition.

3° La division est une opération qui a pour but de chercher un nombre appelé *quotient*, lequel est au *dividende* ce que *l'unité* est au *diviseur*.

Cette définition est surtout utile pour faire comprendre la division des fractions et les rapports qui existent entre le diviseur et le quotient, entre le dividende et le quotient.

4° Enfin on peut dire encore que la division a pour but de *partager* le *dividende* en autant de *parties égales* qu'il y a d'unités dans le *diviseur ;* le quotient est ce résultat.

Ou bien encore que par la division on cherche combien de fois le diviseur est contenu dans le dividende, le quotient exprime ce nombre de fois.

Ces deux dernières définitions très-usitées et les meilleures pour de jeunes enfants, ne sont exactes que pour les nombres entiers, elles ne peuvent convenir à la division des fractions.

2. *Dividende* veut dire *qui est divisé*.

   Diviseur   —   *qui divise*.

   Quotient   —   *combien de fois*.

3. On dit encore que la division est une soustraction abrégée. C'est interminable à prouver : on retranche le diviseur du dividende; puis le diviseur du reste et ainsi de suite. Le nombre des soustractions exprime le quotient.

Règle à suivre pour diviser.

4. On écrit d'abord le *dividende* et à sa *droite*, le *diviseur* en les séparant par un trait vertical (assez éloigné) ; sous le diviseur on tire un trait horizontal au-dessous duquel on placera le quotient.

La division se commence par les unités les plus fortes : on forme donc sur la *gauche* du dividende général, un dividende *partiel* assez grand pour contenir le diviseur au moins une fois, mais moins de dix fois. On cherche alors combien ce dividende partiel contient de fois le diviseur; ce nombre trouvé s'écrit à la place destinée au quotient dont il forme le premier chiffre ou la plus haute unité. Ensuite on multiplie le diviseur par ce premier chiffre et l'on soustrait ce produit du premier dividende partiel. Cela fait, on abaisse près du reste obtenu le chiffre suivant du dividende général pour former avec ce reste le second dividende partiel sur lequel on agit comme il a été expliqué. On continue les mêmes opérations jusqu'à ce qu'on ait abaissé tous les chiffres du dividende général.

5. Si le dernier reste est zéro, le quotient est dit *complet*, sinon, *incomplet*; on peut alors convertir ce dernier reste en fraction soit absolue, soit décimale ;

si c'est en fraction ordinaire ce reste forme le *numérateur* et on lui donne le *diviseur* pour *dénominateur ;* si c'est en fraction décimale, on multiplie le reste par dix en y ajoutant un zéro, on pose une virgule au quotient près des entiers ; puis on divise comme si l'on opérait sur des entiers. On répète autant de fois l'opération qu'on veut avoir de décimales au quotient.

6. Si l'un des dividendes partiels ne contient pas le diviseur au moins une fois, on pose zéro au quotient et l'on abaisse un nouveau chiffre au dividende et l'on continue ; à moins qu'il n'y aille pas encore ; alors on répète l'opération ci-dessus une seconde fois et plus s'il y a lieu.

7. Si même le dividende général était moins fort que le diviseur, on poserait zéro aux unités du quotient et l'on convertirait le dividende en unités plus petites (en le multipliant par dix si l'on veut obtenir des chiffres décimaux) que les entiers, pour obtenir au quotient des unités fractionnaires de même nature.

8. La division n'est qu'une multiplication décomposée ; la démonstration le prouve.

9. Cette démonstration prouve encore : 1° que le le quotient a toujours un chiffre de plus qu'il n'en reste à abaisser après avoir séparé le premier dividende partiel.

2° Que pour opérer la division il faut commencer par les plus hautes unités.

10. Le quotient varie en raison *directe* du dividende et en raison *inverse* du diviseur : donc si on augmente ou qu'on divise d'un égal nombre les deux termes, le quotient demeure constant, ce qui permet de retrancher les zéros pour abréger les opérations et de faire des diminutions dans certaines règles composées comme nous verrons plus tard.

11. Le dividende et le quotient sont de *même nature;* cette remarque sert à déterminer le dividende lors même qu'il serait plus faible que le diviseur. Lorsque les unités sont de même nature dans les deux termes ; la nature du quotient est déterminée par la question.

Usages de la division.

12. Elle s'emploie. 1° Pour connaître le prix *d'un seul* objet lorsqu'on connaît celui de plusieurs.

2° Lorsqu'on veut convertir des unités plus faibles en unités plus fortes.

3° Lorsqu'on veut partager un nombre en parties égales.

Nota. Ce qu'on appelle prendre le 1/3, le 1/4, le 1/5, etc., c'est réellement diviser par 3, 4, 5, etc., c'est une division posée d'une autre manière, voilà tout. Ne pas confondre cette division avec la division d'entiers par une fraction $\frac{1}{4}$, $\frac{1}{5}$, $\frac{1}{12}$, etc.

Preuves de la division.

La preuve se fait. 1° Par la *multiplication* du diviseur par le quotient pour retrouver le dividende ; ajouter au produit le reste de la division, s'il y en a un. C'est la plus ordinaire.

2° Par la *division* en doublant ou triplant les deux termes, le quotient doit rester le même.

3° Preuve par 9. Opérer comme à la multiplication :

D.	3e reste.
Q.	4° reste.

commencer à agir sur le *diviseur* et le *quotient* qui répondent aux deux *facteurs* d'une multiplication ; puis passer au *dividende* qui correspond au *produit*, seulement, s'il y a un *reste* avoir soin de le *soustraire* du *dividende* avant d'ôter les 9, c'est sur le résultat de cette soustraction qu'il faut agir.

CARACTÈRES DE LA DIVISIBILITÉ DES NOMBRES.

1. On appelle nombre *premier*, celui qui n'est divisible que par lui-même et par 1, ou autrement qui n'a pas de facteurs ni d'aliquot : exemple 1 — 3 — 5 — 7 — 11 — 13 — 17, etc. Il ne faut pas confondre les nombres *premiers* avec les nombres *impairs*.

2. On appelle nombres *premiers entre eux* des nombres qui n'ont pas entre eux d'autre diviseur commun que l'*unité*, quoique *isolés* ils puissent en avoir d'autres, comme $\frac{15}{16}$, $\frac{20}{27}$.

3. On appelle *diviseur commun* à deux nombres, tout nombre qui peut diviser *exactement* ces deux nombres, comme 36 et 24, qui ont pour diviseur commun 2, 3, 4, 6 et 12. Ce dernier nombre est le *plus grand commun diviseur*.

4. Tout nombre qui n'est pas premier possède un ou plusieurs diviseurs *exacts*, et, pour les découvrir plus facilement, il est bon d'étudier les caractères de la divisibilité des nombres. L'habitude de compter supplée aux méthodes.

5. Un nombre est divisible par 2, quand il est terminé par un zéro et par un des chiffres qui sont appelés *pairs*, c'est-à-dire dont on peut prendre la moitié juste, comme 4, 8, 10, etc. Ceux qui ne sont pas divisibles par 2 sont *impairs*, comme 15, 9, 21, etc.

6. Un nombre est divisible par 3, quand tous ses chiffres, considérés avec leur valeur *absolue* et addi-

BIBLIOTHÈQUE IMPÉRIALE

tionnés ensemble, donnent *trois* pour total ou un multiple de 3 (2643).

7. Un nombre est divisible par 4, quand les deux derniers chiffres, considérés l'un à côté de l'autre, avec leur valeur *relative*, forment un nombre divisible par 4 (9724).

8. Un nombre est divisible par 5, quand il est terminé par un zéro ou par un 5 (370).

9. Le caractère de divisibilité par 6 et par 7 est très-long à vérifier. L'habitude du calcul suffit pour le trouver et supplée à la méthode.

10. Un nombre est divisible par 8, quand les trois derniers chiffres forment un nombre divisible par 8 (59824).

11. Un nombre est divisible par 9, quand tous ses chiffres additionnés donnent pour total 9 ou un multiple de 9 (5247).

12. Un nombre est divisible par 10, quand il est terminé par un zéro ; on les supprime sans calcul.

13. Enfin, en général, d'après le principe suivant : quand un nombre est divisible à la fois par deux ou plusieurs nombres premiers entre eux, il est divisible par le produit de tous ces nombres, ce qui aide à trouver le plus grand commun diviseur. Exemple : 5214, divisible par 3 et par 2, l'est aussi par 6 ; 348, divisible par 3 et par 4, l'est aussi par 12 ; 6480, divisible par 5, par 8 et par 9, l'est par 360, produit de ces trois nombres.

CALGUL DÉCIMAL.

1. Toute la numération française est *décimale*, puisque dix unités font une nouvelle unité appelée *dizaine*, que dix dizaines font une *centaine*, et dix centaines un mille, etc. Néanmoins, on appelle spécialement le *système métrique système décimal*, parce que toutes les unités sont de 10 en 10 fois plus grandes les unes que les autres, et que les subdivisions de l'unité, ou *fractions*, sont toutes de 10 en 10 fois plus petites les unes que les autres, sans souffrir aucun autre mode de division; tandis que la numération ordinaire admet les nombres *complexes*, et accepte des fractions qui se divisent d'une manière quelconque, comme les $\frac{1}{4}$, les $\frac{1}{3}$ de l'unité.

Nombres décimaux.

2. Un nombre décimal est celui qui se compose d'entiers joints à une fraction décimale. Exemple : 40 francs 25 centimes.

Une fraction décimale est une subdivision de l'unité, en parties de 10 en 10 fois plus petites. Exemple : 0,755 millièmes.

Formation des décimales.

3. Cette formation repose sur le double principe de la numération ordinaire : qu'une unité d'un ordre quelconque vaut 10 unités de l'ordre immédiatement inférieur, et que 10 unités d'un ordre quelconque valent 1 unité de l'ordre immédiatement supérieur. Exemple : 1 dixième vaut 10 centièmes, et 10 millièmes valent 1 centième. Il n'y a pas de limites de grandeur dans ce mode de formation, il s'étend de l'infiniment grand à l'infiniment petit, sans jamais pouvoir y atteindre.

Écriture des nombres décimaux.

4. Il faut placer d'abord les *entiers* ou les représenter par un zéro ; puis poser une virgule, et, à sa droite, écrire la *fraction décimale ;* les dixièmes seront au premier rang, les centièmes au deuxième et les millièmes au troisième, et ainsi de suite. D'où il résulte que, pour écrire toute fraction décimale, on emploie un chiffre de moins que pour écrire le nombre entier correspondant. Cette différence naît de la place qu'occupe l'*unité* qui appartient aux entiers.

Lecture des nombres décimaux.

5. S'il y a des entiers, on les énonce d'abord, puis on lit les décimales comme si c'était un nombre entier, en lui donnant le *nom* de la plus petite unité, représentée par le *dernier chiffre à droite*, en ayant soin de lui donner la terminaison *ième*, si le nombre est abstrait. Exemple : 45,004066, qu'on lira : 45 entiers, 4066 millionièmes.

On peut encore lire autrement les décimales, soit en convertissant les entiers en fractions décimales (125 centilitres, soit en énonçant chaque chiffre séparément.

Propriétés fondamentales des fractions décimales.

6. 1° La valeur d'une fraction décimale ne change pas quand on ajoute ou qu'on supprime des zéros à *sa droite ;* elle ne change que de forme et d'expression, seulement l'unité est plus ou moins divisée ; aussi, dès qu'on le peut, il faut retrancher les zéros. Exemple : 4,500 millièmes = 4,5 dixièmes.

2° Pour rendre un nombre décimal 10, 100, 1000 fois plus grand, c'est-à-dire pour le multiplier d'autant, il faut simplement *avancer* la virgule vers *la droite*, d'autant de rangs qu'il y a de zéros dans le multiplicateur. Exemple : 458,345 × 100 = 45834,5. Si le nombre dé-

cimal n'a pas assez de chiffres, on ajoute les zéros suf-
fisants pour le multiplier autant qu'on le désire.

3° Pour diviser ces nombres, ou les rendre 10, 100,
1000 fois plus petits, l'opération est inverse : on *recule*
la virgule vers *la gauche;* si les chiffres manquent, on
y supplée par des zéros, placés *à la gauche* des unités
décimales qu'on veut diviser. Exemple : 346,25 c. :
100 = 3,4625 dix mill., 0,25 c. : 1000 = 0,00025 c. m.

Remarque.

Il faut bien comprendre que multiplier par 10, 100
ou 1000, etc., et multiplier par 0,1 ou par 0,01 ou par
0,001 ne sont pas une même chose. Le premier cas
multiplie, en effet, mais le second cas *divise* réellement,
parce qu'il suit nécessairement les règles de la multiplication des fractions et rend le nombre ou 10 fois ou
100 fois plus petit. Exemple : 346,25 c. ×0,01 = 3,4625
dix mill., tandis que 346,25 c. × 100 = 34625 unités.

L'opération inverse aura lieu pour la *division* par
0,1 ou par 0,01, etc. *Diviser* par ces nombres, ce sera
vraiment *multiplier* par 10 ou par 100, parce qu'on
cherche un quotient 10 fois ou 100 fois plus grand que
le dividende, conformément aux lois de la division des
fractions. Exemple : 346,25 c. : 0,01 = 34625 entiers.

OPÉRATIONS DÉCIMALES.

1. L'analogie des fractions décimales avec les entiers
en rend le calcul très-facile. Le seul inconvénient, c'est
qu'elles ne peuvent pas représenter toutes les fractions
possibles, tels sont les $\frac{1}{3}$, les $\frac{1}{7}$, etc.

Addition.

2. Mêmes règles que pour les entiers; seulement
les sommes peuvent être inégales vers *la droite,* ce qui

s'explique par la loi même de l'addition, qui veut que les unités du même ordre soient placées les unes sous les autres. Au total, séparer les entiers des décimales par la virgule.

Soustraction.

3. Si les deux nombres d'une soustraction n'ont pas autant de chiffres décimaux, on peut, si l'on veut y suppléer par des zéros ; du reste, agir comme si c'étaient des entiers, et ne pas oublier la virgule.

Multiplication.

4. Même règle que pour les entiers. Pour placer la virgule au produit, on compte à partir de *la droite* autant de chiffres décimaux qu'il y en a dans les deux facteurs. Mais s'il y avait au produit moins de chiffres significatifs qu'il n'en faut pour exprimer la valeur de la fraction décimale, on y supplée par des zéros, placés à la gauche des chiffres significatifs.

Multiplier 0,0000108 dix mill. $\times$ 45 = 4860. Je n'ai que quatre chiffres à mon produit, et il m'en faut sept pour exprimer l'ordre des décimales que j'ai multipliées, alors j'ajoute à gauche 3 zéros, ce qui me donne 0,0004860 dix millionièmes, sans quoi j'aurais 4860 dix millièmes, fraction mille fois trop forte.

Division.

5. Même règles que pour les entiers ; la seule chose qu'il faille faire, c'est d'égaliser les unités des termes de la division, en ajoutant des zéros à celui qui a le moins de chiffres décimaux, afin de n'avoir plus à diviser que des unités d'égale grandeur.

Prendre bien soin de placer la virgule au quotient juste où elle doit être.

SYSTÈME MÉTRIQUE.

1. Le système métrique est l'ensemble des mesures qui ont le *mètre* pour base.

Il est encore appelé *décimal*, nous avons vu pourquoi, et système des *poids* et *mesures*, parce que le gramme et le mètre ont exigé plus de travaux pour être déterminés et qu'à ces mesures se rattachent toutes les autres.

2. Les unités de mesures sont au nombre de 6, savoir : le mètre, l'are, le stère, le litre, le gramme et le franc.

3. Quatre mots grecs déterminent les *multiples* de ces unités : *déca* (dix); *hecto* (cent); *kilo* (mille); *myria* (dix-mille).En sorte qu'un déca ou une dizaine; un hecto ou une centaine sont une même chose.

4. Trois mots latins désignent les *sous-multiples ;* *déci* ($\frac{1}{10}$) ; *centi* ($\frac{1}{100}$) ; *milli* ($\frac{1}{1000}$ de l'unité).

5. Ces sept mots ne s'emploient jamais seuls : ils se placent devant l'unité qu'on veut multiplier ou diviser et avec laquelle ils ne forment plus qu'un mot : kilogramme, hectomètre.

MESURES DE LONGUEUR OU LINÉAIRES.

Le mètre (mesure, *g. metron*).

Le mètre, base du système, est l'unité de longueur ou linéaire; il est lui-même basé sur les dimensions de la terre, puisqu'il est la *dix-millionième* partie du quart du méridien (distance du pôle à l'équateur) il fut mesuré en toises pour la première fois en 1791 par **Delambre** et **Méchin** et depuis par **Biot** et **Arago**.

Pour déterminer le mètre, voilà le raisonnement qu'ils firent : du pôle à l'équateur, il y a 90 degrés de 25 lieues chacun; chaque lieue contient $2280^{\text{toises}} + \frac{74}{225}$ et six pieds par toise. Ces divers termes multipliés entre eux ont produit 3 078 440 pieds dont on a pris la dix-millionième partie, ce qui donne 3 pieds, 0 pouces, 11 lignes $\frac{290}{1000}$ de ligne ou 3 pieds 1 pouce environ.

Le mètre est donc la dix-millionième partie du quart du méridien terrestre ou la quarante - millionième partie du méridien entier.

Tous ses multiples et ses sous-multiples sont usités.

Le *décamètre* est la longueur de la chaîne des arpenteurs.

L'*hectomètre* s'appelle *portée* dans les mesures de terrains.

Le *kilomètre* est la mesure itinéraire ; 4 kilomètres font la lieue métrique, très-usités aussi.

Le *myriamètre* est peu usité et équivaut à 2 lieues $\frac{1}{4}$.

MESURES DE SURFACE OU DE SUPERFICIE.

L'are (d'*area*, superficie, ou d'*arare*, labourer) et le mètre carré.

L'*are* est l'unité des mesures agraires et le *mètre carré*, centième partie de l'are, sert à mesurer toutes les autres surfaces.

Un *carré* est une figure de géométrie qui à 4 côtés égaux et 4 angles droits.

On évalue les surfaces en *multipliant* l'une par l'autre les deux dimensions *longueur* et *largeur* ; le produit est la *superficie* ($6 \times 5 = 30$ mètres de superficie) et se divise en autant de parties égales qu'il y en a d'exprimées ; si la longueur égale la largeur le carré sera parfait.

L'*are* est un *carré* dont chaque côté à 10 mètres de longueur et par conséquent 100 mètres carrés ($10 \times 10 = 100$) de superficie. Il n'a qu'un seul multiple l'*hectare* (100 ares de superficie (10 ares $\times 10$ ares $= 100$ ares) et un seul sous-multiple le *centiare*, centième partie de l'are appelé aussi *mètre carré*.

Le mètre carré se divise à son tour en 100 parties égales ou *décimètres carrés*, lesquels se subdivisent aussi en 100 parties égales ou *centimètres carrés* qui se partagent aussi en 100 parties ou *millimètres carrés*. Ses multiples sont tous usités et servent à évaluer les mesures topographiques. Le *décamètre carré* n'est autre chose que l'are ($10 \times 10 = 100^{\text{m. c.}}$).

L'*hectomètre carré* c'est l'hectare ($100^{\text{m}} \times 100 = 10000^{\text{m. c.}}$).

Le *kilomètre carré*, 1 million de mètres carrés ($1000^{\text{m}} \times 1000^{\text{m}} = 1000000^{\text{m. c.}}$) n'est usité que pour l'évaluation des contrées. C'est le côté qui donne le nom à ces mesures.

De cette subdivision de l'unité en 100 parties, il résulte qu'elles sont toujours représentées par *deux chiffres* (au lieu de l'être par 1 comme dans les autres, où l'unité n'est divisée qu'en 10 parties). C'est pourquoi les décimètres s'écriront au *second rang* (3,25), les centimètres au *quatrième rang* (3,0025), et les millimètres au *sixième rang* (3,000025) parce qu'en effet.

1 m. carré $= 100$ décim. car., ou 10000 cent. car., 1000000 millim. c.

$$\overset{\text{long} \quad \text{large}}{10 \times 10} = 100 \text{ m. carrés}) (\overset{\text{déci} \quad \text{c.}}{10 \times 10} = 100 \times 100 = 10000)$$

$$(\overset{\text{d.} \quad \text{c.} \quad \text{m.}}{100 \times 100 \times 100} = 1 \text{ million}).$$

Nota. Il ne peut y avoir ni *décare* ni *déciare* parce

qu'il n'existe pas de nombres qui multipliés une fois par eux-mêmes donnent 1000 ou 10 pour produits ($3 \times 3 = 9 . 31 \times 31 = 961$).

2. Les mesures de superficie n'ont pas d'existence réelle, on évalue les grandeurs d'après les propriétés géométriques.

MESURES DE VOLUME OU DE SOLIDITÉ.

La stère (de *stereos*, solide).

Mètre cube. Sous le nom de *stère*, le mètre cube est l'unité de mesure pour le bois de chauffage ; et conserve le nom de *mètre cube* pour évaluer tous les autres solides, tous les volumes possible. On appelle mesures de volume et de solidité, celles dont on se sert pour mesurer l'étendue considérée sous ses 3 dimensions : *longueur, largeur, hauteur* ou *profondeur*.

Un *cube* est un solide qui a la forme d'un dé à jouer, et dont les 6 faces sont des carrés égaux entre eux.

Le mètre cube est un solide dont les 6 faces sont des *mètres carrés*. Pour mesurer les solides, il faut *multiplier* les 3 dimensions l'une par l'autre, le *produit* sera le volume et se divisera en autant de parties égales qu'il y en a d'exprimées. Si les 3 dimensions d'un solide sont égales entre elles, le produit sera un cube parfait. ($5 \times 5 \times 5 = 125$.).

De là il résulte que le mètre cube ayant nécessaire-
ment ses 3 dimensions égales ($\overset{\text{de haut.}}{10} \times \overset{\text{de larg.}}{10} \times \overset{\text{de long.}}{10} = 1000$ de mètres cubes) se divise en 1000 *décimètres cubes ;* le décimètre en 1000 *centimètres cubes* et le centimètre cube en 1000 *millimètres cubes*. De cette subdivision de l'unité en 1000 parties égales, il suit que chacune

d'elles, sera représentée par **3** *chiffres.* C'est pourquoi les décimètres cubes s'écriront au rang des millièmes, c'est à dire au 3° rang (4,003 décimètres cubes), les centimètres s'écriront au 6° rang (4,000 003 centimètres cubes) et les millimètres s'écriront au 9° rang (4,000 000 003 millimètres.). Un mètre cube vaut donc :

$$(10 \times 10 \times 10 = \overset{\text{décim.}}{}) \qquad 1000 \text{ décim. cubes, ou bien}$$
$$(100 \times 100 \times 100 = \overset{\text{centim.}}{}) \qquad 1000\ 000 \text{ centim. cubes, ---}$$
$$(1000 \times 1000 \times 1000 = \overset{\text{millim.}}{}) \quad 1000\ 000\ 000 \text{ millim. cubes.}$$

Le mètre cube pourrait avoir tous ses multiples, mais ils ne sont pas usités. Tous ses sous-multiples le sont beaucoup.

Nota. Les mesures de solidité n'ont pas d'existence réelle ; on évalue le volume des corps d'après leurs propriétés géométriques.

Il ne faut pas confondre le décimètre cube avec le dixième du mètre cube : le 1ᵉʳ vaut 1 seul décimètre cube puisqu'il en est la millième partie et le second en vaut 100 puisqu'il en est la dixième partie, c'est le décistère ; même remarque pour un centimètre cube et un centième, etc.

Le stère n'a qu'un seul multiple le *décastère* (ou 10 stères ou 10 m. cubes, moins usité que 10 stères) et un seul sous-multiple le *décistère* ou dixième partie du stère ou mètre cube, ayant par conséquent 100 décimètres cubes de volume.

Le stère des chantiers, le *double stère* ou *voie métrique* et le *décastère* n'ont pas la forme cubique régulière, mais ils sont disposés de telle sorte avec la *longueur* des buches, que le tout forme un *mètre cube.* Ainsi donc, si les montants n'ont que 80 centimètres, les buches auront 1,25 de long et la *sole* aura juste un mètre d'un montant à l'autre (en effet, 80 × 1, 25 × 100 ^{centim.} = 1000 000 de centimètres cubes ou 1 mètre cube.)

MESURES DE CAPACITÉ OU DE CONTENANCE.

Le litre (de *litra,* mesure des Grecs).

Le litre a pour volume 1 décimètre cube (0,001). C'est avec ses multiples l'unité de capacité pour mesurer les liquides et les graines (1).

Il peut avoir tous ses multiples et ses sous-multiples, mais on ne se sert pas du *kilolitre* (1000 litres ou 1000 décimètres cubes ou 1 mètre cube) parce que ce serait une mesure incommode par sa grandeur; ni du *millilitre* (1 centimètre cube, parce que ce serait trop petit.

Décalitre (10 décim. mètr. cubes) hectolitre (100 décim. cubes) très-usités.

Le *décilitre* $\frac{1}{10}$ du litre, vaut 100 centimètres cubes (0,1).

Le *centilitre* $\frac{1}{100}$ du litre, vaut 10 centimètres cubes (0,01).

Le *millilitre* $\frac{1}{1000}$ du litre, vaut 1 centimètre cube (0,001).

Les litres du commerce, les *décalitres*, les *hectolitres*, n'ont pas la forme cubique, mais la forme cylindrique qui est plus commode. Pour les grains elles sont en bois, cerclées en fer.

(1) Le litre équivaut à peu près à une bouteille de vin de grandeur ordinaire.

MESURES DE POIDS.

Le gramme (de *gramma*, c'est-à-dire poids).

On appelle *poids* d'un corps la *pression* que ce corps exerce contre l'obstacle qui s'oppose à sa chute.

La *balance* est l'instrument ordinaire pour mesurer le poids des corps.

Le gramme, unité des mesures de poids équivaut au poids d'un *centimètre cube* d'eau distillée et ramenée à son maximum de densité, c'est-à-dire, à la température de 4° centigrades.

Tous ses multiples et ses sous-multiples sont usités ; le *kilogramme* surtout est devenu l'unité de poids pour toutes les pesées ordinaires, le gramme étant trop petit (1).

On appelle *quintal métrique* un poids de 100 kilogrammes et *millier* ou *tonneau de mer* un poids de 1000 kilogrammes.

Comparaison du gramme au mètre cube et au litre.

1 gramme =0,000 001 centim. cube ou 0,001 m. litre
Multiples { 1 décagra. =0,000 010 centim. cub. ou 0,01 centilit.
1 hectogr. =0,000 100 centim. cub. ou 0,1 décilit.
1 kilogra. =0,001 décim. cub. ou 1 litre.

1 gramme =0,000 001 centimètre cube.
Sous-mul. { 1 décigra. =0,000 000 100 millimètres cubes.
1 centigra.=0,000 000 010 millimètres cubes.
1 milligra. =0,000 000 001 millimètre cube.

(1) Les poids sont en fer ou en cuivre.

MONNAIES.

Le franc.

Le franc est l'unité monétaire; c'est une pièce d'argent pesant 5 grammes, dont les $\frac{9}{10}$ sont d'argent pur et $\frac{1}{10}$ de cuivre.

Les multiples du franc ne sont pas assujettis à l'ordre décimal, les voici :

En argent. La pièce de 2 francs pesant 10 grammes.
La pièce de 5 francs id. 25 —
En or. La pièce de 20 francs id. 6ᵍʳ452
La pièce de 40 francs id. 12, 903

Les sous-multiples du franc sont décimaux, ce sont:
En cuivre. Le décime $\frac{1}{10}$ du franc. C'est la pièce de 10 c. ou deux sous.
Le centime $\frac{1}{100}$ du franc.
Le demi-décime ou 1 sou ou 5 cent. est très-usité, c'est la monnaie courante ainsi que le décime.
En argent. Le demi-franc ou 50 c. pesant 2 gr., 50
Le $\frac{1}{5}$ du franc ou pièce de 20 c. pesant juste 1 gramme.

Remarques.

. L'or à poids égal vaut 15 fois $\frac{1}{2}$ plus que l'argent. L'argent vaut 40 fois plus que le cuivre.

L'or vaudra donc ($15 + \frac{1}{2} \times 40$) 620 fois plus que le cuivre.

2. On appelle *titre* des monnaies ou de l'orfèvrerie la quantité d'or ou d'argent pur qui entre dans une pièce de monnaie ou dans un objet d'orfèvrerie. Ce titre se représente par une fraction décimale évaluée

en millièmes, c'est-à-dire, qu'on suppose l'objet divisé en 1000 parties égales et la fraction indique combien sur ces 1000 parties, il y en a d'argent ou d'or pur.

Les monnaies et les bijoux de France ont les titres bien plus élevés que ceux des autres nations, aussi sont-elles reçues et même recherchées partout.

Les monnaies ont un titre unique 0,900 — ou, 0,9.

L'orfèvrie d'or a 3 titres : 0,920 — 0,840 — 0,750.

L'orfèvrerie d'argent en a 2 : 0,950 et 0,800.

3. La *tolérance* des monnaies est une légère erreur que la loi permet dans le poids des pièces : 2 ou 3 millièmes environ.

4. 27 pièces de 5 francs placées à côté l'une de l'autre font la longueur du mètre moins 1 millième.

5. Chaque pièce a un diamètre fixe ; on peut les étudier si l'on veut.

TABLEAU DES RAPPORTS DE TOUTES LES UNITÉS MÉTRIQUES
AVEC LE MÈTRE QUI EN EST LA BASE.

Le mètre, *unité de longueur,* basé sur le méridien dont il est la quarante millionième partie.

L'are, *unité de superficie,* égale 100 *mètres carrés.*

Le stère, *unité de volume* pour le bois de chauffage, égale 1 *mètre cube.*

Le litre, *unité de capacité,* égale 1 *décimètre cube.*

Le gramme, *unité de poids,* égale le poids de 1 *centimètre cube.*

Le franc, *unité monétaire,* égale 5 grammes de poids ou le poids de 5 centimètres cubes.

TABLEAU DES UNITÉS MÉTRIQUES

COMPARÉES AUX PRINCIPALES MESURES QU'ELLES ONT REMPLACÉES.

Le *mètre* remplace l'*aune*, la *toise*, le *pied*, la *lieue*.
$1^m,20 = 1$ aune ou juste $\frac{841}{1000}$ d'aune.
2 mètres $= 1$ toise ou $1^m = \frac{513}{1000}$ de toise.
1 mètre $= 3$ pieds ou $3 + 0 + 11 + \frac{296}{1000}$ ou $3 + 1$.
4 kilomètres $= 1$ lieue environ ou 4560 mèt. juste.

L'*are* remplace l'*arpent* et la *perche* (mesure de Paris).
1 are $= 2$ perches ou 1,958.
1 hectare $= 2$ arpents environ.
Le *mètre carré* remplace la toise carrée, le pied carré.

Le *stère* remplace la *voie* et la *corde*.
2 stères $= 1$ voie ; 4 stères $= 1$ corde.
Le *mètre cube* remplace la toise cube, le pied cube.

Le *litre* remplace la pinte et le boisseau.
1 litre $= 1$ pinte $\frac{7}{10}$ (liquide).
13 litres $= 1$ boisseau (grains).

Le *gramme* remplace le marc, la livre, l'once et leurs subdivisions.
500 grammes $= 1$ livre environ (489 juste).
1 kilogramme $= 2$ livres.
$31^g,25 = 1$ once.
0,05 centig. environ $= 1$ grain.

Le *franc* remplace la livre tournois, le sou, le denier.
1 franc $= 1$ livre environ (1 livre 3 deniers).
0,05 centimes $= 1$ sou ou 12 deniers.

DES FRACTIONS.

1. Les fractions sont des *subdivisions* de l'unité; on appelle donc fraction *toute partie* de l'unité divisée en un nombre quelconque de parties égales.

2. Cette définition s'applique aussi aux décimales qui sont réellement des fractions, mais comme elles ont un mode régulier et invariable de subdivision et qu'elles ne conviennent qu'aux unités décimales, il fallait avoir pour résoudre exactement toute espèce de problème, une autre sorte de fractions qui n'eût aucune règle fixe de subdivision et qui pût se joindre à toutes les unités possibles.

C'est là précisément la fonction des fractions dites *absolues* ou fractions *proprement dites* ou simplement *fractions*. Elles se subdivisent en effet, selon les exigences du moment, s'adaptent à tous les nombres, même aux *nombres décimaux* dont elles complètent quelquefois les calculs ; car par exemple avec des $\frac{1}{3}$ et des $\frac{1}{6}$, il est impossible d'effectuer des comptes exacts par les seules fractions décimales. C'est là au reste la seule imperfection du système décimal.

3. Une fraction proprement dite se compose de deux termes : 1° le *dénominateur* qui indique en combien de parties égales l'entier est divisé ; il donne aussi le nom à la fraction. 2° Le *numérateur* qui indique combien on a de ces parties.

4. Pour écrire une fraction on pose d'abord le numérateur ; on tire dessous une ligne horizontale, sous laquelle on place le dénominateur.

Exemple : $\frac{3}{4}$ numérateur. dénominateur.

5. Toute expression fractionnaire dont le numérateur est plus *petit* que le dénominateur est une vraie fraction ; exemple : $\frac{4}{7}$. Toute expression fractionnaire dont le numérateur *égale* le dénominateur, cesse d'être fraction ; c'est *un entier* qu'il en faut extraire ; exemple : $\frac{6}{6}$. Enfin toute expression fractionnaire dont le numérateur est plus *grand* que le dénominateur, prend le nom de *nombre fractionnaire* dont il faut souvent extraire les entiers ; exemple : $\frac{12}{4}$.

6. Ces règles s'appliquent aussi aux fractions décimales dont le dénominateur véritable ne se pose pas, et s'exprime seulement par le nom de l'unité fractionnaire donné au dernier chiffre décimal ; exemple : 0,25 ou $\frac{25}{100}$ sont également vingt-cinq centièmes.

Extraction des entiers ou 1re réduction.

On appelle *extraire* les entiers d'une fraction, retrancher les entiers contenus dans un nombre fractionnaire, ce qui se fait en *divisant* le numérateur par le dénominateur ; le *quotient* contiendra les entiers extraits et le *reste* s'il y en a demeurera en fraction. Exemple : $\frac{26}{4} = 6$ entiers $\frac{2}{4}$ ou $\frac{1}{2}$.

Réduction des entiers en fraction ou 2e réduction.

C'est l'opération inverse à celle qui précède ; pour réduire donc des entiers en fraction, il faut *multiplier* les *entiers* par un *dénominateur* donné ; si les entiers sont joints à une fraction, c'est par le dénominateur de la fraction qu'on multiplie, en ayant soin d'ajouter le numérateur au produit $4 + \frac{2}{3} = \frac{14}{3}$.

Propriétés fondamentales des fractions.

1. La valeur d'une fraction ne *change pas* quand on *multiplie* ou qu'on *divise également* les deux termes :

elle ne change que de forme et d'expression. Exemple :

$$\frac{3}{5} \times \frac{3}{3} = \frac{9}{15} \qquad \frac{30}{60} : \frac{3}{3} = \frac{10}{20} = \frac{1}{2}.$$

2. Une fraction devient *moindre*, ou lorsqu'on *divise* le *numérateur*, ou lorsqu'on *multiplie le dénominateur*. Exemple :

$$\frac{6}{10} : 2 = \frac{3}{10} \quad \text{ou bien } \frac{6}{10} \times 2 = \frac{6}{20}.$$

3. L'opération inverse *augmentera la valeur* d'une fraction :

$$\frac{6}{10} \times 2 = \frac{12}{10} \text{ ou bien } \frac{6}{10} : 2 = \frac{6}{5}.$$

4. La valeur d'une fraction *augmente* quand on *ajoute* un même nombre aux deux termes. Exemple :

$$\frac{6}{10} \times \frac{2}{2} = \frac{8}{12}.$$

5. Réciproquement elle *diminue* si l'on *retranche un même* nombre. Exemple :

$$\frac{6}{10} + \frac{2}{2} = \frac{4}{8} = \frac{1}{2}.$$

Ces principes ont une foule d'applications.

Simplification des fractions ou 3e réduction.

1° Simplifier une fraction, c'est la réduire à sa plus *simple expression*, c'est-à-dire, la représenter par la plus petite somme possible, afin de se faire une idée plus nette de la portion d'unité qu'elle représente. Cette opération se fait d'après le principe ci-dessus en *divisant également* les deux termes de la fraction par le plus *grand commun diviseur*.

2. Le plus grand commun diviseur entre deux nombres se trouve en divisant le *plus grand* nombre par le *plus petit* ; puis celui-ci par le *reste* jusqu'à ce que le *dernier* reste donne *zéro* ou l'*unité*. Le dernier reste *exact*, sera le plus grand commun diviseur ; si le dernier *reste* est *l'unité* les deux nombres sont irréductibles ou au moins premiers entre eux. Exemples :

Chercher le plus grand commun diviseur à 576 et à 828,

$\frac{576}{828}$ 828	1 576	2 252	3 72	2 quotient.
252	72	36	0	36 est le plus g^d c. diviseur
restes	...	...	...	

$\frac{576}{828} : \frac{36}{36} = \frac{16}{23}$. $\frac{16}{23}$ est la plus simple expression de $\frac{576}{828}$.

Chercher le plus grand commun diviseur à $\frac{695}{978}$,

978	1 695	2 283	2 129	5 25	quotient. 4
283	129	25	04	1	
res.	...	...	...	...	l'unité p^r dernier reste ;

donc les 2 nombres $\frac{695}{978}$ sont irréductibles.

Cette méthode est fort longue, l'habitude du calcul en dispense presque toujours : on voit facilement si les nombres sont premiers entre eux et s'ils ne le sont pas, on voit bien encore par les caractères de la divisibilité des nombres le diviseur qui doit les simplifier l'un et l'autre ; et si l'on ne tombe pas juste sur le plus grand commun diviseur, on en est quitte pour renouveler l'opération autant de fois que faire se pourra exactement.

Réduction des fractions au même dénominateur
ou 4e réduction.

1. Pour réduire deux fractions au même dénominateur, il faut *multiplier* les deux termes de chaque fraction par le *dénominateur* de *l'autre*. Exemple : $\frac{3}{5} \frac{7}{4} = \frac{21}{35} \frac{20}{35}$. C'est par ce moyen qu'on connaît au juste de combien une fraction est plus grande que l'autre ; l'addition et la soustraction des fractions exigent aussi cette opération.

1re méthode quand on a plusieurs fractions.

2. Quand on a plusieurs fractions à réduire au même dénominateur, il faut *multiplier* les deux termes de

chaque fraction par le *produit* des dénominateurs de tous les autres.

				Produit des dénominat.
$\dfrac{\overset{60}{1}}{2}$	$\dfrac{\overset{40}{2}}{3}$	$\dfrac{\overset{30}{3}}{4}$	$\dfrac{\overset{24}{4}}{5}$	$3 \times 4 \times 5 = 60$
				$2 \times 4 \times 5 = 40$
$\dfrac{60}{120}$	$\dfrac{80}{120}$	$\dfrac{90}{120}$	$\dfrac{96}{120}$	$2 \times 3 \times 5 = 30$
				$2 \times 3 \times 4 = 24$

Cette méthode est toujours applicable, mais souvent elle est longue à chiffrer.

MÉTHODES DE SIMPLIFICATION.

2e *méthode* : chercher un dénominateur commun.

1. Lorsque le plus grand dénominateur contient tous les autres exactement, on le prend pour *dénominateur commun*, on le divise successivement par chacun des dénominateurs particuliers, et l'on multiplie ce quotient par les deux termes de la fraction correspondante. Exemple :

24 dénom. com.

2	8	1	4	3 quotients.
$\dfrac{\overset{2}{2}}{12}$	$\dfrac{\overset{8}{2}}{3}$	$\dfrac{\overset{1}{19}}{24}$	$\dfrac{\overset{4}{5}}{6}$	$\dfrac{\overset{3}{7}}{8}$
$\dfrac{4}{24}$	$\dfrac{16}{24}$	$\dfrac{19}{24}$	$\dfrac{20}{24}$	$\dfrac{21}{24}$

2. Lorsque 1 ou 2 dénominateurs particuliers ne sont pas contenus dans le plus grand dénominateur, il suffit pour obtenir le dénominateur commun de mul-

tiplier ce dénominateur par ceux qu'il ne contient pas.
Exemple :

$$60 \text{ dénom. com.}$$

15	13	5	20	12 quotients.
$\frac{3}{4}$	$\frac{5}{6}$	$\frac{3}{12}$	$\frac{2}{3}$	$\frac{2}{3}$
$\frac{45}{60}$	$\frac{50}{60}$	$\frac{15}{60}$	$\frac{40}{60}$	$\frac{24}{60}$

$12 \times 5 = 60$ dén. com.

3. Pour obtenir le plus petit dénominateur commun possible, il faut *décomposer* chaque dénominateur en ses *facteurs premiers*. Cela fait, on forme le *dénominateur commun* en y faisant entrer chaque facteur premier autant de fois que ce facteur est contenu dans le dénominateur particulier, qui le renferme un plus grand nombre de fois. On entend par facteurs premiers, les nombres élémentaires qui servent à former les autres nombres. Exemple :

$$2 \times 2 \times 2 \times 2 \times 5 \times 5 \times 3 \times 3 = 3600 \text{ dénom. com.}$$

225	72	144	200 quotients.
$\frac{2}{16}$	$\frac{3}{50}$	$\frac{1}{25}$	$\frac{1}{18}$
$2 \times 2 \times 2 \times 2$	$2 \times 5 \times 5$	5×5	$3 \times 3 \times 2$ fac. pr.
$\frac{450}{3600}$	$\frac{216}{3600}$	$\frac{144}{3600}$	$\frac{200}{3600}$

ADDITION DE FRACTIONS.

Une fois les fractions réduites au même dénominateur, il n'y a plus qu'à additionner tous les *numérateurs* ; ce sera le total de l'addition, le dénominateur commun sera celui du total. S'il y a lieu il faut extraire les entiers ou bien simplifier la fraction.

S'il y a des entiers à additionner avec la fraction, on reporte les entiers extraits au total des entiers. Exemple :

On a plusieurs morceaux d'étoffe ; le 1er a $5^m + \frac{2}{27}$: le second a $6^m + \frac{3}{30}$; le troisième a $8^m + \frac{1}{8}$; et le quatrième $4^m + \frac{2}{36}$; combien a-t-on de mètres en totalité ?

$$3 \times 3 \times 3 \times 5 \times 2 \times 2 \times 2 = 1080 \text{ dénominat. com.}$$

$$\begin{array}{l} 5 \\ 6 \\ 8 \\ 4 \end{array} \qquad 40 \qquad 36 \qquad 135 \qquad 30 \quad \text{quot.}$$

$$\qquad \qquad \frac{2}{27} \qquad \frac{3}{80} \qquad \frac{1}{8} \qquad \frac{2}{36}$$

$$23 + \frac{283}{1080} \quad 3 \times 3 \times 3 \quad 3 \times 2 \times 5 \quad 2 \times 2 \times 2 \quad 2 \times 2 \times 3 \times 3$$

Entiers $\quad \frac{80}{1080} + \frac{108}{1080} + \frac{135}{1080} + \frac{60}{1080} = \frac{383}{1080}$ tot.

Rép. On a 23 mètres $\frac{283}{1080}$ ou 23^m 26 centièmes envir.

SOUSTRACTION DE FRACTIONS.

1. Si les fractions ne sont pas réduites au même dénominateur, il faut les y réduire, puis retrancher le plus *petit* numérateur du plus *fort*. Exemple :

$$\text{Otez } \tfrac{2}{3} \text{ de } \tfrac{4}{5} = \tfrac{12}{15} - \tfrac{10}{15} = \tfrac{2}{15} \text{ reste.}$$

2. Si l'on a une fraction à retrancher d'un nombre entier, il faut convertir ces entiers en nombre fractionnaire, en lui donnant pour dénominateur celui de la fraction; puis on agit comme ci-dessus, et extraire les entiers s'il y en a. On peut agir aussi par emprunt. Exemple :

$$8 - \tfrac{3}{5} = \tfrac{40}{5} - \tfrac{3}{5} = \tfrac{37}{5} \text{ reste 7 entiers } \tfrac{2}{5}$$

$$\begin{array}{r} \text{ou bien} \quad 8 \quad \ \frac{5}{5} \\ 0 + \frac{3}{5} \\ \hline \text{reste} \quad 7 + \frac{2}{5} \end{array}$$

3. Si l'on a des entiers joints aux fractions on peut réduire les entiers en fractions et agir comme au premier cas; ou bien, ce qui est plus expéditif, surtout si

la somme est forte, soustraire à part les fractions l'une de l'autre, puis opérer sur les entiers, en ayant soin toutefois de tenir compte de l'emprunt, s'il a fallu en faire pour soustraire sous les fractions. L'unité empruntée a toujours la valeur du dénominateur commun, auquel on a soin de joindre le numérateur de la fraction qui soustrait. Exemple : de $3 + \frac{1}{6}$ ôter $1 + \frac{3}{4}$.

$$\frac{19}{6}\ \frac{7}{4} = \frac{76}{24} - \frac{42}{24} = \frac{34}{24} \text{ reste} = 1° + \frac{10}{24} = \frac{5}{12}$$

Autre exemple avec emprunt : de $340 + \frac{1}{5}$ ôter $120 + \frac{2}{3}$.

$$340 + \frac{1}{5}$$
$$120 + \frac{2}{3} \qquad \frac{1}{5}\ \frac{2}{3} = \frac{\overset{15}{3}}{15} - \frac{10}{15} = \frac{8}{15} \text{ reste de la fraction.}$$
$$219 + \frac{8}{15} \text{ reste.}$$

MULTIPLICATION DE FRACTIONS.

Multiplier c'est chercher un nombre qui soit au multiplicande ce que l'unité est au multiplicateur. Pour en comprendre les opérations, il faut bien saisir cette définition et songer que, si la multiplication des nombres entiers emporte une idée *d'augmentation*, la multiplication de fractions donne un résultat *inverse*, car multiplier par une fraction, c'est réellement diviser. Exemple : multiplier par $\frac{1}{2}$, $\frac{1}{3}$, $\frac{3}{4}$, $\frac{2}{5}$; c'est prendre la $\frac{1}{2}$, le $\frac{1}{3}$, les $\frac{3}{4}$, les $\frac{2}{5}$ du multiplicande, parce que ces fractions multiplicateurs sont la $\frac{1}{2}$, le $\frac{1}{3}$, les $\frac{3}{4}$, les $\frac{2}{5}$ de l'unité, etc.

Ces principes s'appliquent aussi aux fractions décimales, $40 \times 0,25 = 10$; de même que $40 \times \frac{1}{4} = 10$ entiers.

On compte 4 cas de multiplication de fractions.

1. Multiplier une *fraction* par un nombre *entier*, c'est rendre la fraction *plus forte*. Cela se fait en *multipliant* le *numérateur* par les entiers, ou bien en *divisant* le *déno-*

minateur par les entiers. Ce dernier moyen n'est pas toujours possible, à cause des nombres premiers, etc.

La multiplication faite, on extrait les entiers, s'il y en a, ou bien on, simplifie la fraction, et ce quotient devient réellement le produit de la multiplication. Exemples :

Multiplier $\frac{5}{6}$ par 4 entiers, $\frac{5}{6} \times 4 = \frac{20}{6}$ produit; la fraction est 4 fois plus forte

$\frac{5}{6} \times 3$. On peut la faire des deux manières :

$$\frac{5}{6} \times 3 = \frac{15}{6}$$

ou bien $\frac{5}{6} : 3 = \frac{5}{2} = 2 + \frac{1}{2}$ produit.

2. Multiplier un *nombre entier* par une *fraction*. Agir comme au cas précédent ; mais c'est diviser les entiers. Exemple :

Multiplier 4 entiers par $\frac{5}{6}$.

$4 \times \frac{5}{6} = \frac{20}{6}$. Prod. ($= 3 + \frac{1}{3}$) qui est les $\frac{5}{6}$ de 4 ent.

On conçoit que ces deux cas se résolvent de la même manière, puisque l'on peut intervertir l'ordre des facteurs sans changer le produit d'une multiplication. Seulement le raisonnement de la démonstration sera différent.

3. Multiplier une *fraction* par une *fraction* consiste à multiplier entre eux les deux termes de *même nom*. Exemple :

Multiplier $\frac{5}{6}$ par $\frac{3}{4} = \frac{15}{24}$. Produit $= \frac{5}{8}$.

4. *Entiers* et *fractions* aux *facteurs*. Il faut réduire les entiers en fractions, puis agir comme au troisième cas. Exemple :

$$6 + \frac{3}{4} \text{ à multiplier par } 5 + \frac{2}{3}$$

$6 + \frac{3}{4} = \frac{27}{4} \quad 5 + \frac{2}{3} = \frac{17}{3} \times \frac{27}{4} = \frac{459}{12}$ produit.

On doit en extraire les entiers $\frac{459}{12} = 38 + \frac{3}{12}$ ou $\frac{1}{4}$.

Remarques.

Fractions de *fractions.* On entend par là le résultat
d'une suite de fractions, liées entre elles par les parti-
cules *du, des, de la.* D'après la signification des parti-
cules, ces suites |de fractions indiquent qu'il faut faire
des produits de toutes ces fractions, c'est-à-dire multiplier successivement tous les numérateurs et tous les
dénominateurs. Exemple :

$$\text{Prendre } \tfrac{2}{3} \text{ des } \tfrac{3}{4} \text{ des } \tfrac{5}{6} \text{ de 80}$$

$$\tfrac{2}{3} \times \tfrac{3}{4} \times \tfrac{2}{5} = \tfrac{12}{60} = \tfrac{1}{5}$$

L'opération se termine en prenant le $\tfrac{1}{5}$ de 80, ou bien
en le divisant par 5 :

$$80 \times \tfrac{1}{5} = \tfrac{80}{5} = 16 \quad \text{ou bien } 80 : 5 = 16.$$

2. Comme on le voit, prendre $\tfrac{1}{5}$ c'est faire une *mul-*
tiplication d'entiers par une *fraction* (voir le 2° cas) ;
donc toutes les fois qu'on doit prendre les $\tfrac{2}{3}$, le $\tfrac{1}{4}$, les $\tfrac{3}{5}$
d'une somme, il *faut multiplier ces entiers* par le nu-
mérateur, puis extraire les entiers du produit, en un mot
c'est multiplier des entiers par une fraction. Exemple :

$$\text{Prendre les } \tfrac{2}{3} \text{ de 3416}$$

$3416 \times \tfrac{2}{3} = \tfrac{6832}{3} = 2277 + \tfrac{1}{3}$; ce sont là les $\tfrac{2}{3}$ de 3416.

On peut encore agir en *divisant* d'abord par le *déno-*
minateur, puis multiplier ce quotient par le numérateur; mais alors on est exposé à avoir des fractions à
chiffrer. Exemple :

$3416 : 3 = 1138 + \tfrac{2}{3} \times 2 = 2277 + \tfrac{1}{3}$ même somme

3. Lorsque l'on a une petite fraction comme $\tfrac{1}{2}$ $\tfrac{1}{3}$ et
même $\tfrac{2}{3}$ $\tfrac{3}{4}$ à l'un des facteurs seulement, et surtout quand

ces facteurs forment une somme considérable, on peut se dispenser de convertir les entiers en fractions ; alors on fait agir immédiatement la fraction sur le facteur opposé dont on prend ou la moitié, ou le tiers selon l'espèce, puis on pose ce produit partiel sous le produit des entiers pour l'additionner avec le produit général. Exemples :

$$3450 \text{ à multiplier par } 4 + \tfrac{1}{5}$$

$$
\begin{array}{l}
3450 \\
4 + \tfrac{1}{5} \\
\hline
13800 \\
\tfrac{1}{5} \quad 690 \text{ prod. du } \tfrac{1}{5} \\
\hline
14490 \text{ prod. gén.}
\end{array}
$$

Méthode ordinaire.

$$3460 \times \tfrac{21}{5} = \tfrac{72450}{5} = 14490 \text{ prod.}$$

$$
\begin{array}{l}
304 + \tfrac{2}{3} \\
3 + \tfrac{6}{3} \\
\hline
914 + \tfrac{0}{0}
\end{array}
$$

$$304 + \tfrac{2}{3} = \tfrac{914}{3} \times 3^{en} = \tfrac{2742}{3} = 914$$

Quand on a une fraction à chaque facteur, la méthode ordinaire est la plus courte, c'est donc la meilleure.

DIVISION DE FRACTIONS.

Les règles de la division de fractions reposent sur ce principe général que *diviser* c'est chercher un *nombre* qui soit au *dividende* ce que l'*unité* est au diviseur. Exemple : 34 : 2 = 17. Le quotient 17 est en effet la $\tfrac{1}{2}$ du dividende 34, de même que l'unité est la moitié du diviseur 2.

Si au contraire je divise 34 par $\tfrac{1}{2}$ j'aurai 68 pour quotient, qui est le double du dividende parce que l'unité est le double du diviseur $\tfrac{1}{2}$.

La division des nombres entiers entraîne donc une idée de *partage* du dividende, tandis que diviser par une fraction, c'est réellement *multiplier*. Le quotient toujours en raison *inverse* du diviseur, doit donc dans les fractions, être d'autant *plus* fort que le diviseur est *moins* grand.

S'il y a entiers et fractions, il ne subira qu'une légère modification, les entiers faisant la partie principale du diviseur.

C'est en tout l'opposé de la multiplication de fractions.

Il y a trois cas de division de fractions.

1. Diviser une *fraction* par des *entiers*, c'est chercher pour *quotient* une *fraction* qui soit *autant de fois moins* grande que les entiers diviseur. Or, pour arriver à ce but, il faut *multiplier* le *dénominateur* par les entiers donnés, ou bien *diviser* le *numérateur* par ces mêmes entiers diviseur. Cette dernière méthode n'est pas toujours applicable, à cause des nombres premiers, etc. Exemple :

$$\text{Diviser } \tfrac{4}{9} \text{ par 2 entiers}$$

$$\tfrac{4}{9} : 2 = \tfrac{4}{18} \text{ ou } \tfrac{2}{9} \;\left(\tfrac{4}{9} : 2 = \tfrac{2}{9} \; \tfrac{4}{9} \times 2 = \tfrac{4}{18} \right)$$

La méthode qui divise le numérateur a l'avantage d'avoir des chiffres moins forts.

On peut donner aux entiers l'unité pour dénominateur, alors on renverse la fraction diviseur comme il est dit ci-après :

2. Diviser une *fraction* par une *fraction*. L'opération s'effectue en *multipliant* la fraction dividende par la fraction diviseur *renversée* (c'est-à-dire le numérateur à la place du dénominateur). Exemple :

$$\text{Diviser } \tfrac{2}{3} \text{ par } \tfrac{5}{6} \qquad\qquad \text{Preuve}$$

$$\tfrac{2}{3} : \tfrac{5}{6} \quad \tfrac{2 \times 6}{3 \times 5} = \tfrac{12}{15} = \tfrac{4}{5} \text{ quot.} \qquad\qquad \tfrac{5}{6} \times \tfrac{4}{5} = \tfrac{20}{30} = \tfrac{2}{3}$$

$\tfrac{4}{5}$ du quotient sera 5 fois moins grand ou $\tfrac{2}{3} \genfrac{}{}{0pt}{}{\text{divisé par}}{\times 5}$

$\tfrac{5}{6}$ ou mon quot. entier sera 6 fois plus grand ou $\tfrac{2}{3} \genfrac{}{}{0pt}{}{\times 6}{\text{multiplié par}}$

Démonstration.

Diviser $\frac{2}{3}$ par $\frac{5}{6}$ c'est chercher un quotient dont les $\frac{5}{6}$ sont $\frac{2}{3}$; or si les $\frac{5}{6}$ du quotient sont $\frac{2}{3}$, un sixième ($\frac{1}{6}$) du quotient sera 5 fois moins grand ou $\frac{2}{3} \times 5$ divisé par 5 et les $\frac{6}{6}$ ou le quotient entier, sera 6 fois plus fort ou $\frac{2}{3} \times 6$ ou ($\frac{2 \times 6}{3 \times 5} = \frac{12}{15}$ ou $\frac{4}{5}$).

Au-dessus de la ligne la $\times$ signifie *multiplié par* et au-dessous *divisé par*, en vertu de ce principe fondamental que multiplier un dénominateur c'est le diviser.

On peut dire encore que diviser $\frac{2}{3}$ par $\frac{5}{6}$, c'est chercher un *quotient* qui, multipliant le *diviseur* $\frac{5}{6}$, reproduise le *dividende* $\frac{2}{3}$.

3. *Entiers* à diviser par une *fraction*. On suit la même règle qu'au cas précédent en ayant soin de considérer l'entier comme une fraction dont l'unité [1] sera le dénominateur. Exemple :

$$\text{Diviser } 5 \text{ par } \frac{9}{11}$$

$$5 : \frac{9}{11} \quad \frac{4}{1} \times \frac{11}{9} = \frac{55}{9} = 6 + \frac{1}{9} \text{ quotient.}$$

4. Quand il y a des entiers et des fractions aux deux termes, il faut convertir les entiers en fraction et agir comme au second cas. Exemple :

$$\text{Diviser } 4 + \frac{3}{4} \text{ par } 2 + \frac{5}{6}$$

$$\frac{19}{4} : \frac{17}{6} \quad \frac{19}{4} \times \frac{6}{17} = \frac{114}{68} = 1 + \frac{23}{24} \text{ quotient.}$$

Nota. Les divisions d'entiers accompagnés de fractions ont des méthodes abrégées que l'on peut étudier pour abréger le calcul.

1. Lorsque l'on a un très-petit diviseur, comme 2, 4, 6, etc., il suffit de prendre la $\frac{1}{2}$, le $\frac{1}{4}$, etc., des entiers et de la fraction. Exemple :

$$\text{Diviser } 34456 + \tfrac{1}{3} \text{ par 2 entiers}$$

$$34456 + \tfrac{1}{3}$$

$$\tfrac{1}{2} \quad 17228 + \tfrac{1}{6} \text{ quotient.}$$

2. Les divisions de fractions, se font très-bien sans nulle difficulté de raisonnement, en les réduisant au même dénominateur ; alors il n'y a plus qu'à diviser le numérateur dividende par le numérateur diviseur. Exemple :

$$\tfrac{3}{4} \text{ divisé par } \tfrac{2}{5}$$

$$\tfrac{3}{4} \; \tfrac{2}{5} = \tfrac{15}{20} : \tfrac{8}{20} = 1 + \tfrac{7}{8} \text{ quot.} \quad \left(\tfrac{3}{4} \times \tfrac{5}{2} = \tfrac{15}{8} = 1 + \tfrac{7}{8} \right).$$

CONVERSION DES FRACTIONS EN DÉCIMALES.

Pour y réussir, il faut multiplier le numérateur par 10 ou par 100, etc., selon l'espèce d'unité décimales demandées puis diviser par le dénominateur ; le quotient sera le nombre décimal exigé. Exemple :

$$\tfrac{6}{7} \text{ à convertir en millièmes } \tfrac{0000}{7} = 0,857 + \tfrac{1}{7}.$$

CONVERSION DES DÉCIMALES EN FRACTIONS.

Il faut donner à ces décimales pour dénominateur l'*unité* suivie d'autant de zéros que la question l'exige. Exemple : $0,3406 = \tfrac{3406}{10000}$.

Remarques.

Les fractions se convertissent rarement en un nombre décimal exact, excepté quand le dénominateur ne renferme pas d'autres facteurs premiers que 2 et 5, facteurs de 10, base de notre numération ; d'où l'on conclut que l'emploi des fractions ordinaires sera toujours nécessaire en arithmétique pour évaluer toutes les quantités numériques possibles.

2. On appelle *période* ou fraction *périodique*, une suite de chiffres semblables au quotient d'une division : elle est dite *continue* si le même chiffre se représente sans interruption, et période *simple* si les mêmes chiffres se répètent 3 par 3, 4 par 4, alternativement. Exemples :

Convertir $\frac{5}{6}$ en centièmes et $\frac{4}{7}$ en décimales

$\frac{500}{6} = 0{,}83{,}333 + \frac{2}{6}$ F. période. contin.

$\frac{40}{7} = 0{,}571428\ 571128 + \frac{4}{7}$ F. période. simple de 7 ch.

NOMBRES COMPLEXES.

DIVISION DU TEMPS ET DE LA CIRCONFÉRENCE.

Ces deux quantités ne sont pas assujetties au système décimal ; la division en est duodécimale et irrégulière ; elles rentrent donc dans les nombres complexes.

Le temps.

La mesure du temps est basée sur les deux mouvements de la terre : le mouvement de translation autour du soleil constitue *l'année*, et le mouvement de rotation sur son axe forme le *jour*.

L'année se divise en $365 + \frac{1}{4}$ jours, ou en 12 mois, périodes de 30 jours, ou en 52 semaines, périodes de 7 jours (antiquité de cette division).

Le jour se divise en 24 *heures* ; l'heure en 60 *minutes* et la minute en 60 *secondes*, etc.

Un *siècle* est une période de 100 années.

Le *lustre* est une période de 5 années.

L'indiction, période de 15 années. (Terme astronomique *comput.*)

En calcul, les années sont de 360 jours et tous les mois de 30 (sauf lorsqu'on veut un compte rigoureusement juste).

Circonférence.

Une *circonférence* de cercle est une ligne courbe, plane, fermée, dont tous les points sont à égale distance d'un point intérieur appelé *centre*.

Un *angle* est l'écartement plus ou moins grand de deux lignes droites qui se rencontrent. Ces deux lignes s'appellent *côtés* de l'angle et leur point de rencontre se nomme *sommet*.

Pour mesurer un angle, on place son sommet au centre d'une circonférence, et l'on juge de la grandeur de cet angle d'après l'*arc* plus ou moins grand de la circonférence qu'il renferme entre ses deux côtés. Il faut donc apprécier avec exactitude ces arcs de circonférence : c'est pourquoi toute circonférence grande ou petite se divise en 360 parties égales appelées *degrés* ; le degré se divise en 60 *minutes* et la minute en 60 *secondes*.

Le degré est représenté par ce signe (°) ; la minute par celui-ci (′), et la seconde par une double virgule (″). Il ne faut pas confondre ces minutes et ces secondes de degrés avec celles du temps.

Cette division est dite duodécimale parce que 360 et 60 sont divisibles par 12.

Il existe une division décimale de la circonférence en 400 grades, subdivisés chacun en 100 minutes et chaque minute en 100 secondes. Très-peu usitée et peu commode.

DEUXIÈME PARTIE.

Jusqu'ici nous n'avons étudié que les règles fondamentales de l'arithmétique et du calcul; maintenant nous allons donner les *méthodes* pour parvenir à la solution de tous les problèmes ordinaires. On en distingue deux: les *proportions* et la méthode de *réduction à l'unité*. Celle-ci étant presque la seule usitée aujourd'hui, il convient d'en parler d'abord.

Pour comprendre la méthode de l'unité et les proportions, il faut avant tout définir ce qu'on appelle la *règle de trois*. On entend par règle de trois, trois termes connus et donnés pour trouver un quatrième terme inconnu; tandis que dans les opérations dites les *quatre règles*, on n'a que deux termes connus pour en trouver un troisième inconnu.

MÉTHODE DE L'UNITÉ.

Rien n'est plus simple que la méthode de réduction à l'unité : il suffit de comparer les termes avec l'*unité* de la manière suivante : si 25 hommes ont fait 30 mètres d'un certain ouvrage, 1 homme en fera 25 fois moins, et 45 ouvriers en feront 45 fois plus que 1, ou 30, divisé par 25 et multiplié par 45; raisonnement que l'on pose sous la forme fractionnaire.

$$\frac{30^{m} \times 45}{25} = 54 \text{ mètres.}$$

Le raisonnement peut s'écrire en toutes lettres, ou bien en chiffres comme il suit :

$$25 \text{ hom.} \qquad \frac{30^{\mathrm{m}} \times 45}{25} = 58 \text{ mètres.}$$

$$1$$

$$45$$

Si la règle de trois est *composée*, le raisonnement est plus long, mais il est aussi simple et aussi facile à saisir.

Il faut considérer si la règle est *directe* ou *inverse*, afin que les nombres qui doivent être multipliés ou divisés ne soient pas confondus. Elle sera directe ou droite si un *plus* répond à un *plus*, ou un *moins* à un *moins*, tandis qu'elle sera inverse si un *plus* amène un *moins*; ou bien un *moins* amène un *plus*. Ex.: 15 ouvriers ont fait un certain ouvrage en 20 jours, il est certain que s'ils ne sont que 8 à y travailler, ils mettront plus de jours : c'est donc un *moins* qui amène un *plus.*

Les règles de trois simples peuvent aussi être directes ou inverses.

Pour abréger les calculs, on peut réduire les termes à une plus simple expression ; on agit comme sur les termes d'une fraction qu'on simplifie.

Exemples de règles de trois composées.

1er EXEMPLE. 25 ouvriers en 14 jours, travaillant 12 heures par jour ont fait 800 mètres d'ouvrage : combien 30 ouvriers en 18 jours, travaillant 9 heures, feront-ils de mètres d'un pareil ouvrage ?

La règle est droite. En général toutes les fois qu'on cherche de l'ouvrage, l'opération est directe.

L'x représente le terme inconnu.

Raisonnement			Opération

Ouvr.	Jour.	Hom.	
25 en 14 et 12 ont fait			$\dfrac{800 \times 30 \times 18 \times 9}{x \quad 25 \times 14 \times 12} = 925^{m},7$
1	14	12	
1	1	12	
1	1	1	Opération simplifiée
30	1	1	$\dfrac{40 \times 6 \times 9 \times 3}{7} = 925^{m},7$
30	18	1	
30	18	9	

$$Rép. \quad 925^{m},7.$$

Le raisonnement peut être exprimé d'une manière plus abrégée qui est encore plus claire; la voici sur le même problème :

Ouvr.	Jour.	Hom.	
25	14	12 ont fait	$\dfrac{800 \times 30 \times 18 \times 9}{x \quad 25 \times 14 \times 12} = 925^{m},7$
1	1	1	
30	18	9	

2e EXEMPLE. 16 ouvriers en 25 jours ont fait 325 mètres en travaillant 10 heures par jour; combien 24 ouvriers en travaillant 8 heures par jour mettront-ils de temps à faire 240 mètres?

La règle est inverse.

Raisonnement			Opération

Ouvr.	Mèt.	Hom.	
16	325	10	$\dfrac{25 \times 16 \times 240 \times 10}{x \quad 24 \times 325 \times 8} = 15 + 4$
1	1	1	
24	240	8	

$$Rép. \quad 15 \text{ jours } 4 \text{ heures.}$$

Si l'on veut le raisonnement exprimé en chiffres dans son entier, le voici :

Raisonnement			Opération	
Ouvr.	Mèt.	Hom.	Jour.	j. h.
16	325	10		
1	325	10		
24	325	10		
24	1	10		
24	240	10		
24	240	1		
24	240	8		

$$\frac{25 \times 16 \times 240 \times 10}{x \quad 24 \times 325 \times 8} = 15 + 4$$

Rép. 15 jours 4 heures.

DES RAPPORTS ET DES PROPORTIONS.

1. Un *rapport* ou *raison* est le résultat de la comparaison de deux nombres ; le rapport calculé s'appelle raison.

2. Une *proportion* est l'égalité de deux rapports, ou l'expression de 2 rapports égaux.

3. On distingue deux sortes de rapports, et par conséquent de proportions : 1° le rapport *arithmétique* ou par *différence*, qui exprime de combien un nombre *surpasse* l'autre et que l'on trouve par la *soustraction;* 2° le rapport *géométrique* ou par *quotient*, qui exprime combien de fois un nombre *contient* l'autre, ce que l'on *obtient* par la *division*.

Ex. 20 et 5 à comparer 20 — 5 = 15 *raison* arithmétiq.

20 : 5 = 4 *raison* géométriq.

Les 2 termes du rapport s'appellent : le 1er *antécédent* et le second *conséquent*.

4. Une proportion *arithmétique* ou *équidifférence* est donc l'égalité de 2 rapports par *différence*.

Ex. 11 : 15 :: 16 : 20

Lisez : 11 est à 15 comme 16 est à 20.

5. Elle se résout par la soustraction et l'addition, c'est-à-dire que la *raison* ou différence s'obtient par la soustraction, et que la propriété fondamentale de toute proportion se vérifie par l'addition.

Ces proportions ne sont d'aucun usage en arithmétique, si ce n'est pour résoudre les progressions arithmétiques.

6. Une proportion *géométrique*, ou simplement *proportion*, est l'égalité de 2 rapports par *quotient*.

$$Ex. \quad 20 : 5 :: 16 : 4$$

Lisez : 20 est à 5 comme 16 est à 4.

Ces 4 termes s'appellent *extrêmes* et *moyens*, de la place qu'ils occupent :

$$\text{ex.} \quad \text{m.} \quad \text{m.} \quad \text{ex.}$$
$$20 : 5 :: 16 : 4$$

7. Propriété fondamentale de toute proportion.

Dans toute proportion géométrique le *produit* des *extrêmes* est égal au *produit* des moyens.

Dans une proportion arithmétique la *somme* des extrêmes est égal à la *somme* des moyens.

Cette propriété est évidente ; elle se démontre de diverses manières : soit en faisant l'*exercice naturel* indiqué par la proportion elle-même, c'est-à-dire multiplier entre eux les 2 extrêmes, puis les 2 moyens ; si la proportion est bonne, les produits sont égaux.

$$Ex. \quad 20 : 5 :: 16 : 4$$
$$4 \qquad\qquad 5$$
$$\overline{80 \text{ égalité } 80}$$

soit encore en mettant la proportion, c'est-à-dire les deux rapports sous la *forme fractionnaire, divisant* le terme le plus *fort* par le *moindre*. et, selon que la proportion est ascendante ou descendante, l'antécédent par le conséquent ou le conséquent par l'antécédent :

Ex. $\frac{20}{5} = 4$ $\frac{16}{4} = 4$ raison ou rapport égaux.

Soit enfin en *multipliant* par la *raison* chaque *conséquent*, ce qui le rendra égal à son antécédent.

$$\overset{\text{c.}\quad\text{raison}}{Ex.\ 5 \times 4 = 20 \text{ ant.}} \qquad \overset{\text{c.}\quad\text{r.}}{4 \times 4 = 16 \text{ ant.}}$$

8. De cette propriété résulte la *règle de trois*.

9. On peut sans *changer* les rapports d'une proportion en poser les termes de 8 manières différentes. Propriété curieuse, mais non très·nécessaire.

10. On peut *multiplier* ou *diviser* par un *même* nombre les termes d'une proportion sans en changer les rapports. Cette propriété trouve souvent son application, surtout dans les règles de trois composées.

11. Les proportions peuvent s'écrire sous la forme fractionnaire, et réciproquement plusieurs fractions égales peuvent s'écrire en proportion.

Manière de résoudre la règle de trois par les proportions.

1. Si on rattache la règle de trois aux proportions, on la définit : trois termes d'une proportion donnés pour trouver le quatrième.

Ce terme inconnu se représente par un x. 20 : x :: 16 : 4.

2. Pour trouver ce terme inconnu, il faut *multiplier* ensemble les 2 termes de *même nom* et *diviser* le produit par le 3ᵉ *terme connu*, le *quotient* sera nécessairement le terme cherché.

Ex. 20 : x :: 16 : 4 $(20 \times 4 = 80 : 16 = 5$ ter. inc. 1ᵉʳ m.$)$
20 : 5 :: 16 : x $(16 \times 5 = 80 : 20 = 4$ 2ᵉ ext. trouvé.$)$

3. On distingue la règle de trois *simple* et la règle de trois *composée*. Ces règles, simples ou composées, sont *directes* ou *inverses*.

4. La règle de trois est simple lorsqu'elle n'exige qu'une seule proportion pour être résolue.

La règle de trois composée exige l'emploi de plusieurs proportions.

5. Pour résoudre une règle de trois composée, il faut en faire plusieurs proportions, ou réunir en *un seul terme tous les nombres* qui lui *appartiennent*, ayant soin de les séparer l'un de l'autre par le signe $\times$ *multiplié par*.

$$Ex. \quad 4 \times 5 \times 10 : 8 :: 6 \times 8 \times 12 : x$$

Quand toutes ces multiplications sont effectuées, on n'a plus que la proportion suivante :

$$200 : 8 :: 579 : x$$

Pour abréger les calculs, on peut *diviser également* les termes composés, c'est-à-dire les réduire à une moindre expression. Le terme pareil à celui que l'on cherche ne peut être réduit qu'en rapport avec le terme qui *divise*.

6. Si la règle est inverse, il faut pour la résoudre chercher quels sont les termes *droits* et quels sont les termes *inverses*. Cela fait, il faut changer les rapports en *changeant de place* les termes *inverses*, seulement (c'est-à-dire, mettre à droite ce qui est à gauche), mais ne pas toucher à ceux qui sont droits.

7. Après cette opération, on agit comme il a été dit. (Se souvenir qu'il ne faut diminuer aucun terme avant d'avoir renversé les nombres.)

Nota. En général l'ouvrage est toujours *droit*, les ouvriers et le temps toujours *inverses*.

Exemple d'une règle de trois composée inverse.

Combien 24 ouvriers travaillant 8 heures par jour mettront-ils de temps à faire 240 mètres d'ouvrage, si 16 ouvriers faisant des journées de 10 heures ont mis 25 jours à faire 325 mètres ?

$$24 \times 8 \times 240 : x :: 16 \times 10 \times 325 : 25 \quad \text{prop. inverse}$$
$$16 \times 10 \times 240 : x :: 24 \times 8 \times 325 : 25 \quad \text{prop. retour.}$$

$$2400 : x :: 3900 : 25 \quad \text{prop. simple.}$$

```
    2400
      25
   ─────
   12000
    4800     3900
   ─────    ─────
   60000     15 j. + 4 h.
     240        temps cherché.
      15
      12
   ─────
     180              On eût pu poser
   ─────
   24/39     (16×10×325 : 25 :: 24×8×240 : x)
```

Rép. 15 jours 4 heures 37 minutes.

Il arrive quelquefois que les deux moyens d'une proportion sont égaux, comme dans celle-ci :

$$3 : 9 :: 9 : 27$$

On dit alors que c'est une *moyenne proportionnelle* entre deux nombres. Pour prendre une moyenne proportionnelle entre deux nombres, il suffit d'extraire la racine carrée du *produit* de ces nombres.

$$Ex. \quad 9 \times 9 = 81 \quad \sqrt[2]{9}$$

Pour trouver une moyenne, il suffit de prendre la

racine carrée du produit des extrêmes, qui est toujours égale au produit des moyens.

Ex. $27 \times 3 = 81 \quad \sqrt[2]{9}$ moyenne trouvée.

RÈGLES D'INTÉRÊT.

On compte quatre espèces de règles d'intérêt : 1° les règles d'intérêt simple ; 2° les règles d'intérêts composés ; 3° les règles d'escompte ; 4° les opérations de bourse.

En général toute règle d'intérêt a pour but principal de faire connaître le *bénéfice* que doit produire le placement d'une somme.

INTÉRÊTS SIMPLES.

1. Une règle d'intérêt est *simple* quand chaque année on retire son intérêt et que le capital reste invariable.

2. Quatre choses sont à considérer dans toute règle d'intérêt.

1° Le *capital* ou somme placée ou prêtée.

2° L'*intérêt* ou bénéfice produit chaque année, appelé encore *annuité,*

3° Le *taux* ou l'intérêt de 100 fr. pendant un an.

C'est sur ce bénéfice de 100 fr. que se calcule l'intérêt proprement dit : 100 est un capital. Le taux varie selon les conventions mutuelles, mais il ne doit jamais être usuraire. 6 p. % est le taux du commerce. 5 p. % — 4 p. % — $4\frac{1}{2}$ p. % — 3 p. % sont les taux permis et usités.

4° Le *temps* est le nombre d'années, de mois, de jours que le capital est resté placé. L'année est de 360 jours, le mois de 30 jours.

3. Ces quatre quantités peuvent tour à tour être inconnues; de là quatre cas de règles d'intérêt simple.

Elles peuvent se résoudre par la méthode de l'unité ou par la règle de trois.

4. Autrefois et encore en certains cas (location de terres) le mot *denier* correspond au mot *taux*: le denier 25, ou 20, ou 30, ou 40. On retirait 1 fr. sur 20, ou sur 25, ou sur 30, ou sur 40. Comme on le voit le denier 20 correspond au taux 5 et le denier 25 au taux 4 p. %.

5. Pour résoudre une règle d'intérêt, quel qu'en soit le cas, il faut connaitre trois termes, et à moins qu'on ne cherche la rente annuelle elle-même il faut toujours la chercher tout d'abord ; on trouve cet intérêt du capital pendant un an, soit au moyen du taux, soit par le nombre des années.

Chercher l'intérêt.

6. Pour trouver l'intérêt de 1 an d'abord, il faut multiplier le capital par le taux et le diviser par 100, en faisant le raisonnement suivant :

$$100 : \text{taux} :: \text{capital} : x \qquad \text{ou bien par l'unité :}$$

$$\frac{100}{1} \qquad \frac{\text{donne le taux} \times \text{capital}}{\text{Capit.} \quad 100} = \text{ici l'intérêt de 1 an}$$

(Multipl. ensuite l'int. de 1 an par les années.)

Ex. 15000 fr. sont placés à 3 p. %, qu'ont-ils rapportés en 6 ans?

$$\begin{array}{l} 100 \\ 1 \\ 15000 \end{array} \qquad \frac{3 \times 15000}{100} = 450 \text{ intérêt de 1 an}$$
$$6 \text{ ans}$$
$$\overline{2700 \text{ intérêt des 6 ans.}}$$

Ou bien $100 : 3 :: 15000 : x = 450 \times 6 \text{ ans} = 2700$.

Chercher le capital.

7. Pour trouver le capital, il faut chercher l'intérêt de 1 an ou s'il n'est pas spécifié dans la question ; on le trouve par le temps, c'est-à-dire en divisant l'intérêt de plusieurs années par le nombre des années ; puis faire le raisonnement suivant :

Taux : 100 :: l'int. : x qui représente le cap. cherché.

$$\begin{matrix} \text{Taux} \\ 1 \\ \text{Int. de 1 an.} \end{matrix} \quad \frac{100 \times \text{int.}}{\text{taux}} = \ldots\ldots \text{ capital cherché.}$$

Ex. On a placé une somme à 4 p. % ; elle a rapporté 2179,20 au bout de 12 ans. Quelle est cette somme ?

$$2179,20 : 12 \text{ ans} = 181,60 \text{ int. de 1 an.}$$

$$\begin{matrix} 4 \\ 1 \\ 181,60 \end{matrix} \quad \frac{100 \times 181,60}{4} = 4540 \text{ capital.}$$

Ou bien, si $4 : 100 :: 181,60 : x = 4540$ capital.

Chercher le taux.

8. Pour trouver le taux, il faut chercher l'intérêt de 1 an par le temps, puis raisonner comme il suit :

$$\begin{matrix} \text{Capital} \\ 1 \\ 100 \end{matrix} \quad \frac{\text{Intérêt} \times 100}{\text{capital}} = \ldots \text{ taux.}$$

Ou bien   Cap. : int. :: 100 : x taux cherché.

Ex. La somme 8680 fr. placée à intérêt, a rapporté 1171,80 en 3 ans. A quel taux était-elle placée ?

$$1171,80 : 3 \text{ ans} = 390,60 \text{ int. de 1 an.}$$

$$\begin{matrix} 8680 \\ 1 \\ 100 \end{matrix} \qquad \frac{390,60 \times 100}{8680} = 4 + \tfrac{1}{2} \text{ taux.}$$

Ou bien $\qquad 8680 : 390,60 :: 100 : x \quad 4 + \tfrac{1}{2}$ taux.

Chercher le temps.

9. Pour trouver le temps, il faut, après avoir chercher l'intérêt de 1 an par le taux, *diviser* l'intérêt de *plusieurs années* par *l'intérêt de 1 an ;* le quotient sera nécessairement le nombre d'années.

Ex. On a donné 1910 fr. à intérêt sur le pied de 6 p. %. Dans combien de temps le créancier aura-t-il dû recevoir 2826,80 ?

$$\begin{matrix} 100 \\ 1 \\ 1910 \end{matrix} \qquad \frac{6 \times 1910}{100} = 114,60 \quad \text{int. de 1 an.}$$

$$\begin{array}{l|l} 2826,80 & 114,60 \\ 5348 & \overline{} \\ 764 & 24 \text{ ans } 8 \text{ mois} \\ \underline{12 \text{ mois}} & \qquad \text{temps cherché.} \\ 9168 \\ 000 \end{array}$$

Nota. Pour compléter ce qui regarde les règles d'intérêt proprement dites, il faut ajouter que les problèmes varient beaucoup, selon que le capital reste placé ou des années, ou des mois, ou des jours. C'est par l'usage et la pratique qu'on apprend ces diverses modifications, qui au reste sont fort peu de chose.

INTÉRÊTS COMPOSÉS.

1. On appelle placer un capital à *intérêts composés,* quand chaque année on laisse les intérêts se joindre

au capital et porter intérêt avec lui pour l'année suivante. On l'appelle encore : *Intérêt des intérêts.*

2. Pour résoudre ces sortes de règles, il faut : 1° trouver l'intérêt de 1 an (méthode ordinaire); 2° ajouter cet intérêt au premier capital pour en faire un nouveau *capital* dont on cherche encore l'intérêt. On agit de la même manière autant d'années que la somme est restée placée. Cette méthode est la plus claire, et d'ailleurs elle donne l'augmentation progressive de chaque année.

3. La seconde manière consiste à dire : 100 $\times$ autant de fois par lui-même qu'il y a d'années *moins une* : est à 100 $+$ le taux $\times$ autant de fois par lui-même qu'il y a d'années *moins une* :: le *capital* : x qui sera le capital plus les intérêts des intérêts ou la réponse.

Ex. Un mineur s'est fait émanciper, il reçoit de son tuteur un remboursement de 60000 fr. placés à 5 p. °/₀ et à intérêts composés pendant 3 ans. Combien recevra-t-il?

1re méthode.

100
1
60000

$$\frac{5 \times 60000}{100} = 3000 \quad 1^{er}\ int.$$

60000

63000   2ᵉ cap.
5

Rép. Le tuteur rendra

69457,50

3150   2ᵉ int.
63000

66150   3ᵉ cap.
5

330750   3ᵉ int.
66150

69457,50 somme à rendre

2e méthode.

Proportion $100 \times 100 \times 100 : 105 \times 105 \times 105$
:: $60000 : x = 69457,50.$

Opérat. $100 \times 100 \times 100 = 1000000$
$105 \times 105 = 11025 \times 105 = 1157625$

	60000	1000000
Somme à rendre	69457,500000	

RÈGLES D'ESCOMPTE.

1. La règle d'escompte a pour but principal de déterminer la remise que fait un créancier, ou la perte à laquelle il se soumet en faveur d'un paiement qu'on lui fait avant l'échéance ou temps fixé.

Cette remise s'appelle *escompte*.

2. L'escompte est une sorte d'intérêt payé par avance. Il se calcule donc comme l'intérêt ordinaire à un taux convenu. Celui du commerce est 6 p. °/₀ par an ou 1/2 fr. par mois.

Escompter ou *négocier* un billet sont deux expressions synonymes.

3. L'escompte se calcule par le nombre de jours compris entre la négociation et le jour de l'échéance.

Les mois sont de 30 jours et l'année de 360.

4. On peut avoir à chercher outre l'escompte, le capital, le taux et le temps. Ces règles se calculent comme les règles d'intérêt. Le commerce a des méthodes abrégées.

5. On distingue deux sortes d'escompte : l'escompte *en dedans* et l'escompte *en dehors*. Le premier, qui est peu usité, est l'intérêt prélevé sur la valeur *actuelle* du billet ou de la somme. L'escompte en dehors, le

seul usité dans le commerce parce qu'il est plus facile à compter, est plus élevé et moins légitime, parce qu'il prélève non-seulement l'intérêt du capital actuel, mais encore l'intérêt des intérêts, c'est-à-dire l'escompte de l'escompte (qu'on reçoit).

MÉTHODES ABRÉGÉES.

6. Ces méthodes abrégées consistent à multiplier le billet ou la somme à escompter par le nombre des jours de l'escompte, et à diviser le produit par une *somme donnée* et fixée par une suite de calculs. Elles ne servent que pour l'escompte en dehors.

Le taux 6 ou 1/2 par mois divise le produit par 6000.
Le taux 5 divise par 7200.
Le taux 4 divise par 9000.

Exemples : En dehors.

7. Escompter en dehors le 5 juin à $5 + 1/2$ p. °/₀ un billet de 1950 fr. payable le 10 septembre de la même année. (95 jours, du 5 juin au 10 septembre.)

$$\frac{11 \times 1950}{2 \times 100} = 107,25 \quad \text{escompte de 1 an.}$$

$$\frac{107,25 \times 95}{360} = 28,30 \quad \text{escomp. de 95 jours}$$

$$1950 - 28,30 = 1931,50 \text{ billet escompté.}$$

Rép. Le billet a été réduit à 1931, 50.

En dedans.

Quel sera l'escompte en dedans de 577,50 à 5. p. °/₀, 1 an avant l'échéance ?

$$100 + 5$$
$$1$$
$$577,50$$

$$\frac{5 \times 577\ 50}{105} = 27,50$$

esc^e. en dedans.

Rép. 27,50.

La seule différence, c'est, comme le voit, que le *taux* s'ajoute au capital 100.

L'escompte en dehors de la même somme serait de 28,875.

Chercher le taux.

Un billet de 721 fr. escompté en dehors pour 9 mois s'est trouvé réduit à 700 fr. Quel est le taux de l'escompte : 721 — 700 = 21 fr. Escompte de 9 mois?

$$700$$
$$1$$
$$100$$

$$\frac{21 \times 100}{700} = 3\ \text{fr.}$$

esc. de 100 pour 9 mois.

$$9$$
$$1$$
$$12$$

$$\frac{3 \times 12}{9} = 4\ \text{fr.}$$

taux de l'escompte.

Les opérations varient selon les problèmes, mais considérer toujours que le taux est l'escompte de 100 fr. pendant un an.

Chercher le capital.

Quel est le montant d'un billet qui, escompté pour 210 jours à 6 pour 0/0 et en dehors, s'est trouvé réduit à 640 francs.

$$360\ \text{jours}$$
$$1$$
$$210$$

$$\frac{6 \times 210}{360} = 3,50$$

esc. de 100 p^r 210 jours

$$100$$
$$1$$
$$640$$

$$\frac{3,50 \times 640}{100} = 662,40$$

capital ou mon^t du B.

Chercher le temps.

3,850 fr. sont l'escompte en dehors de 28,000 fr. au taux de 6 pour 0/0 par an ; on demande le temps qui a produit cet escompte ?

$$\frac{6 \times 28000}{100} = 1680 \qquad \text{escompte de 1 an.}$$

100
1
28000

3850	1680
49	2 ans 3 mois 15 jours
12 m.	temps qui a produit l'escompte.
588	
84	
30	
2520	
840	
000	

OPÉRATIONS DE BOURSE.

1. Cette quatrième espèce de règle d'intérêt, diffère de toutes les autres en deux choses : 1° en ce que le *taux* est *invariable*, et 2° en ce que le *capital varie*.

Ainsi pour se faire 5 fr. de rente il faut placer tantôt *plus* et tantôt *moins* de 100 fr. C'est ce qu'on appelle le *cours de la rente* ou de la bourse.

2. Les variations que ce cours subit se désignent sous les noms de *hausse* ou de *baisse* et quand il faut donner juste 100 fr. pour se faire 5 fr. de rente, on dit que la rente est au *pair*.

3. Le 3 p. °/₀ est improprement appelé ainsi, car le pair est 75 fr.

4. Les rentes 5 et 3 p. °/₀ sont les plus usitées. Depuis quelques années le 5 est remplacé par le 4 $\frac{1}{2}$, dont le pair est 90 fr.

5. Dans l'opération, le cours de la bourse remplace le capital 100.

6. Dans ces règles, on peut avoir à chercher une cinquième chose c'est le *cours de la rente*.

Exemples : chercher la rente.

7. Le cours du 5 p. °/₀ étant à 95 fr. 70, combien aura-t-on de rente pour 84000 fr. ?

$$\begin{array}{l} 95,70 \\ 1 \\ 84000 \end{array} \qquad \frac{5 \times 84000}{95,70} = 4388,71$$

rente annuelle.

Rép. On aura 4388,71.

Chercher le capital.

8. On a acheté du 5 p. °/₀ au cours de 87 fr. 50 et l'on s'est fait 4,300 fr. de rente, quel capital a-t-on déboursé ?

$$\begin{array}{l} 5 \\ 1 \\ 4300 \end{array} \qquad \frac{87,50 \times 4300}{5} = 75250 \text{ fr.}$$

capital déboursé.

Rép. 75 250 francs.

Chercher le cours de la Bourse.

9. On a acheté 68,400 fr. de rente 3 p. °/₀ et l'on s'est fait 2,700 fr. de rente ; quel était alors le cours de la bourse ?

$$\begin{array}{l} 2700 \\ 1 \\ 3 \end{array} \qquad \frac{68400 \times 3}{2700} = 76$$

cours de la Bourse.

Rép. 76.

Chercher le taux réel.

10. A quel taux réel place-t-on son argent quand on achète du 5 p. °/₀ au cours de 89 fr. 70?

$$\frac{5 \times 100}{89,70} = 5,57$$ taux réel.

89,70
1
100

Rép. 5 fr. 57 c.

Chercher le temps.

11. On a acheté du 5 p. °/₀ au cours de 87 fr. 50 pour 75,250 fr. Au bout de plusieurs années on avait touché 34,400 fr. Combien de temps cette somme est-elle réstée placée?

$$\frac{5 \times 75250}{87,50} = 4300$$ rente annuelle.

87,50
1
75250

34400 | 4300
00 | 8 ans.

Rép. 8 ans.

12. On a acheté du 3 p. °/₀ au cours de 68 fr. 40 pour la somme de 5,400. On revend au cours de 67 fr. 80, combien perd-t-on?

3
1
5400
$$\frac{68,40 \times 3406}{3} = 123120$$ cap. d'achat.

3
1
5400
$$\frac{67,80 \times 5400}{3} = 122040$$ cap. de vente

Rép. 1080 fr. (différence entre les deux).

RÈGLES DE SOCIÉTÉ, DE PARTAGE
ET DE FAUSSE POSITION.

1. La règle de société ou de partage a pour but principal de répartir entre plusieurs associés le bénéfice ou la perte qui résulte de leur association.

2. Ce partage doit être fait en raison *directe* [de la *mise de fonds* de chacun et *du temps pendant* lequel on l'a laissée dans la société.

3. Cette règle a encore pour but de faire toutes sortes de partages, de diviser un nombre proportionnellement à des nombres abstraits, qui alors n'indiquent que la relation de grandeur existant entre les diverses parties du nombre à diviser.

4. Ces règles de partage prennent le nom de *fausse position* ou de *supposition*, quand, pour résoudre le problème, il faut opérer sur des nombres que l'on *suppose* soi-même.

5. Les règles de fausse position sont *simples* ou *doubles*.

Les simples présentent 5 cas principaux.

Exemples : Société.

Trois négociants s'associent : le premier met 4,600 fr. qu'il laisse dans la société pendant 2 ans 3 mois ; le second met 5,800 fr. pendant 1 an 9 mois, et le troisième met 4,200 fr. pendant 3 ans. Au bout de ce temps les associés se séparent, ayant fait un bénéfice de 8,400 fr. Que revient-il à chacun ?

69

| | fr. | mois. | | fr. |
Le 1er a mis 4600 × 27 = 124200
Le 2e   5800 × 21 = 121800
Le 3e   4200 × 36 = 151200
                         ———————
                          397200   mise générale.

$$\frac{8400 \times 124200}{397200} = 2626,58 \quad 1^{re} \text{ part.}$$

397200
     1
124200

$$\frac{8400 \times 121800}{397200} = 2575,83 \quad 2^{e} \text{ part.}$$

$$\frac{8400 \times 151200}{397200} = 3197,50 \quad 3^{e} \text{ part.}$$

Preuve   8399,99   erreur de 1 c.
                    abandonné.

Règle de partage et de supposition simples.

8. Partager un nombre en parties proportionnelles déterminées. (Choisir la plus petite supposition.)

On a partagé 36,000 fr. entre 4 personnes de manière que la seconde ait deux fois autant que la première ; la 3e autant que les deux premières ensemble, et la 4e trois fois plus que la troisième. Que revient-il a chacune ?

Supposition
    1   1re aura 1/15 de 36000 =   2400   1re part.
    2   2e   2/15   36000 =   4800   2e part.
    3   3e   3/15   36000 =   7200   3e part.
    9   4e   9/15   36000 = 21600   4e part.
   ——   ———————
   15   Total.   Preuve   36000   Bon.

On peut aussi faire une proportion :

15 : 1 :: 36000 : x ou bien par l'unité.

9. Partager un nombre moitié en parties proportionnelles, et en parties non proportionnelles.

Un enfant a partagé 350 noix entre ses 3 petits amis, de manière que le second a eu 3 fois autant que le 1er moins 7, et le troisième autant que les deux autres, plus 3 ; combien chacun a-t-il ?

Supposition $\qquad$ $350 + 7 + 7 - 3 = 361$

$$
\begin{array}{ll}
1/8 & 1^{re} \\
3/8 - 7 & 2^e \\
4/8 - 7 + 3 & 3^e \\
\hline
8 \quad -14 + 3 &
\end{array}
$$

La 1re a la $\frac{1}{8}$ partie des noix
ou $45 + \frac{1}{8}$ de 361

La 2^e a les $\frac{3}{8} - 7$ ou
$128 + \frac{3}{8}$ de 361

Preuve

$$
\begin{array}{l}
45 + \frac{1}{8} \\
128 + \frac{3}{8} \\
176 + \frac{4}{8} \\
\hline
350 + \frac{0}{0}
\end{array}
$$

La 3e a les $\frac{4}{8}$ ou la $1/2 + 3$ noix $- 7$
ou $176 + \frac{4}{8}$ de 361

10. Trouver un nombre dont certaines parties déterminées égalent un nombre déterminé.

Quel est le nombre dont la $\frac{1}{2}$, le $\frac{1}{3}$, le $\frac{1}{6}$ et les $\frac{6}{7}$ $= 468$?

$$42$$

$$
\begin{array}{cccc}
21 & 14 & 7 & 6 \\
\frac{1}{2} & \frac{1}{3} & \frac{1}{6} & \frac{6}{7}
\end{array}
$$

$$\frac{21}{42} + \frac{14}{42} + \frac{7}{42} \times \frac{36}{42} = \frac{78}{42} = \frac{13}{7}$$

$$13 : 7 :: 468 : x$$

$$
\begin{array}{r}
7 \\
\hline
3276 \\
252 \quad \text{nombre} \\
\text{cherché.}
\end{array}
$$

ou par l'unité :

$$\frac{7 \times 468}{13} = 252$$

13
1
468

Preuve
252
1/2 126
1/3   84
1/6   42
6/7 216
468

11. Trouver un nombre tel que si l'on ajoute certaines parties, il égale un nombre déterminé.

Si l'on ajoute le $\frac{1}{5}$, le $\frac{1}{7}$ et les $\frac{3}{4}$ de la somme que je veux vous donner à cette même somme, vous auriez 879.

Supposition

140      $293 : 140 :: 879 : x$

1/5   28
1/7   20
3/4 105
153
140
293

                    140 | 293
                  123060 | 420 nomb.
                    586 | cherché.
                     00

Preuve
      420
1/5   84   293
1/7   60   1
3/4 315   879
      879

Par l'unité
$$\frac{140 \times 879}{293} = 420$$

12. Trouver un nombre tel que retranchant certaines parties déterminées, il reste un nombre déterminé.

Un marchand a vendu le $\frac{1}{3}$ le $\frac{1}{4}$ et le $\frac{1}{6}$ d'une pièce de drap dont il lui reste encore 6 mètres ; quelle était la longueur de cette pièce.

Sup. 1/3 $\frac{12}{4}$ 12 — 9 = 3 reste   Se fait aussi sans

1/4   3   fausse position.

1/6   2   3 $\dfrac{12 \times 6}{3}$ = 24 nombre cherché.

$\overline{}$ 9   1

6

FAUSSE POSITION DOUBLE.

La règle de fausse position double est une opération par laquelle on parvient à découvrir un nombre cherché, en remplissant les conditions du problème sur deux nombres supposés.

Le genre du problème détermine la nature de la supposition. Ces problèmes sont très-variés.

La plupart des règles dites de *fausse position*, simple ou double, peuvent se résoudre sans supposition.

Exemple de fausse position double.

Partager 494 fr. entre 3 personnes, de manière que la part de la 1re soit à la part de la 2e comme $\frac{2}{3}$ est à $\frac{1}{2}$ et que la part de la 2e soit à la part de la 3e comme $\frac{5}{6}$ est à $\frac{4}{5}$.

1re part	2e p.		2e p.	3e p.	
$\frac{2}{3}$	:	$\frac{1}{2}$	$\frac{5}{6}$	:	$\frac{4}{5}$	les réduire au même dénom.
$\frac{4}{6}$	:	$\frac{3}{6}$	$\frac{25}{30}$	:	$\frac{24}{30}$	on peut supprimer les dénominateurs pour opérer.

alors on dira 4 : 3 et 25 : 24 ; mais 3 et 25 représentent la part de la 2e personne, il faut les réduire à un seul nombre, ce qui se fera sans changer les rapports en $\times$ le rapport 4 et 3 par 25, et le rapport 25 et 24 par 3.

$$4 : 3 \qquad 25 : 24$$
$$\times 25 \quad 25 \qquad 3 \quad 3$$

$$100 : 75 \qquad 75 : 72$$
$$1^{\text{re}} \quad 2^{\text{e}} \qquad 2^{\text{e}} \quad 3^{\text{e}}$$

100 représente la 1re part
75   la 2^e
72   la 3^e

247 représente la somme à partager.

Opération :

247
1
494

$$\frac{100 \times 494}{247} = 200 \text{ fr.} \quad \text{part de la } 1^{\text{re}}.$$

$$\frac{75 \times 494}{247} = 150 \quad \text{part de la } 2^{\text{e}}.$$

$$\frac{72 \times 494}{247} = 144 \quad \text{part de la } 3^{\text{e}}.$$

494   Vérification.

RÈGLES D'ALLIAGE ET DE MÉLANGE.

1. On donne le nom de *mélange* à toute combinaison de liquides ou de substances sèches, capables d'être mélangées, et celui d'*alliage* aux combinaisons de métaux fondus ensemble par l'action du feu.

2. Les questions d'alliages sont de 2 sortes : 1° faire connaître la *valeur moyenne* de plusieurs objets mélangés, par la connaissance de la *valeur respective* de chacune d'elles. La règle est directe.

En second lieu découvrir quelle *quantité de marchandises différentes* il faut faire entrer dans un mélange pour qu'il y ait compensation entre leurs *prix respectifs*, les uns étant supérieurs, les autres inférieurs *au prix moyen* qu'on veut affecter au mélange. Comme on perd sur les uns et que l'on gagne sur les autres, l'opération consiste à égaler le gain à la perte. La règle est inverse.

3. Pour opérer les règles d'alliage il faut se rappeler ce qu'on entend par *titre* des monnaies ou d'orfévrerie. D'autres en traitent à l'article des monnaies.

Chercher un prix moyen.

1er cas.

1. Il faut si les objets sont *l'unité* les additionner; le *total* sera le diviseur du *total* des prix qu'il faut faire; le *quotient* sera la moyenne cherchée.

Ex. Un marchand de vin en a à 0,25 — à 0,45 — à 0,50 la bouteille; s'il les mélangeait, quel serait le prix de la bouteille mélangée ?

Opération :

```
1  à 0,25        1,20 : 3 = 0,40 centimes.
1  à 0,45
1  à 0,50
─────────
3    1,20   total des prix.
```

Rép. 0,40 centimes.

2. S'il y a plusieurs unités de chaque objet, il faut les *multiplier* par le prix de l'unité; puis faire le *total* de ces divers produits et celui des *objets* à mélanger, lequel sera le diviseur du *total* des prix; le *quotient* sera la moyenne cherchée.

Ex. Un marchand de grains a 6 litres à 4 fr., 8 à 5 fr., 12 à 7 fr. et 14 à 9 fr.; s'il les mélangeait, à combien reviendrait la mesure?

```
 6 × 4 =  24 prix de chaque
 8 × 5 =  40      espèce      274  │  40
12 × 7 =  84                  340  │ ─────────
14 × 9 = 126                  200  │ 6,85 prix du
                              00   │      mél.
───────────────────────
40 tot.    274 tot.
```

Rép. 6,85 prix de la mesure.

3. Enfin, si on mélange des quantités les unes en raison double ou triple et les autres simplement, il faut doubler ou tripler les unités desdits objets, sans toucher aux unités simples ; puis agir comme ci-dessus.

EXEMPLE. On mélange 4 sortes de vins, savoir : à 3 fr. — à 5 fr. — à 6 fr. — à 8 fr. la mesure. A combien reviendra la mesure de ce mélange, sachant qu'on a mis 2 fois autant de la 1re et de la dernière que de chacune des 2 autres ?

```
2 à 3 =  6         33 : 6 = 5,5 prix.
1 à 5 =  5
1 à 6 =  6         Rép. 5,50 prix de la mesure.
2 à 8 = 16
───────────────
6 tot.   33 tot.
```

Chercher la quantité de marchandises.

2° *cas.*

Pour trouver la quantité de marchandises qui doivent entrer dans un mélange dont le prix est déterminé, il faut : 1° écrire les uns sous les autres par ordre de grandeur *les prix* des objets à mélanger ; 2° mettre à côté sur la droite le prix *moyen* qu'on veut obtenir ; 3° écrire toujours à droite et du 1er prix et de la moyenne, leur *différence* au prix moyen.

Les différences partielles indiqueront la quantité qu'il faudra prendre de chaque espèce d'unité, en ayant soin d'observer que les *différences* des prix *inférieurs* indiquent ce qu'il faudra prendre des prix *supérieurs* et réciproquement, en un mot il faut croiser les pertes et les gains pour les égaliser, car ils sont en raison inverse. Le total des différences représente les unités du mélange.

1er EXEMPLE. Un aubergiste a du vin à 11 sous et du vin à 16 sous le litre ; il trouve qu'ils feraient un bon mélange et qu'il ne perdrait rien à les revendre à 14 ; combien doit-il prendre de chaque vin ?

Preuve

1er prix	moy.	différ.				
				$5 \times 14 = (0,70)$	3,50	
11	14	3 litres à 16 fr.	$2 \times 11 = 22$	1,10		3,50
16	14	2	11	$3 \times 16 = 48$	2,40	

5 litres de mélange.

2^c EXEMPLE. Un épicier a du sucre à 24 s. — 27 s. — 34 s. — 35 s. la livre, il se propose de faire un mélange de 396 livres qu'il puisse donner à 29 sous. Combien doit-il mettre de chaque espèce ?

Opération :

1er prix	moy.	différ.		sous.
24	29	5	5/18 de 396 à 35 =	1,75
27	29	2	2/18 396 à 34 =	1,70
34	29	5	5/10 396 à 27 =	1,35
35	29	6	6/18 396 à 24 =	1,20

Tot. 18

$$396 \times \tfrac{5}{18} = 110 \text{ livres à 35 s.}$$

			On peut poser encore
$396 \times \tfrac{5}{18} = 110$ livres à 35 s.			
$396 \times \tfrac{2}{18} = 44$	34	18	
$396 \times \tfrac{5}{18} = 110$	27	1	$\dfrac{396 \times 5}{18} = 100$
$396 \times \tfrac{6}{18} = 132$	24	5	

Rép. et preuve   396 livres retrouvées (1).

3ᵉ EXEMPLE. Un marchand de blé en a à 6 fr. — à 8 fr. — 12 fr. — 18 fr. Il veut faire un mélange de 650 mesures, mais de manière qu'en le revendant 10 fr. il ne perde ni ne gagne. Combien doit-il mettre de chaque espèce ?

1ᵉʳ prix	moy.	différ.			
6		4	4/16 de 650 mesures à 18 fr.		
8		2	2/16	650	12
12	10	2	2/16	650	8
18		8	8/16	650	6
	Tot.	16			

$$650 \times 10 = 6500 \text{ prix qu'il veut gagner.}$$

Vérification et réponse :

$$650 \times \tfrac{4}{16} = 162,5 \times 10 = 1625 \text{ fr.}$$
$$650 \times \tfrac{2}{16} = 81,25 \times 10 = 812,5$$
$$650 \times \tfrac{2}{16} = 81,25 \times 10 = 812,5$$
$$650 \times \tfrac{8}{16} = 325 \times 10 = 3250$$

Tot. 650 mes. ret.   6500,0 prix retrouvé.

Exemples de règles d'alliage.

Pour faire du laiton, on a allié 7 kil. 25 de cuivre avec 3 kil. 70 de zinc. Combien y a-t-il de cuivre et

(1) Les opérations pourront, si l'on veut, être faites avec des centimes ; c'est pour abréger qu'ici elles sont faites avec des sous.

de zinc dans 1 kilogramme de cet alliage, et dans quel rapport est-il fait ?

$$7,25 + 3,70 = 10,95 \quad \text{d'alliage.}$$

$$\frac{10,95}{1} \quad \frac{7,25}{10,95} = 0,662 - \tfrac{110}{1095} \text{ de cuivre.}$$

$$\frac{10,95}{1} \quad \frac{3,70}{10,95} = 0,337 - \tfrac{085}{1095} \text{ de zinc.}$$

Vérification 1,000 grammes ou 1 kilogr.

$$7,25 : 3,70 = 1 - \tfrac{71}{72} \text{ rapport contre } 1 - \tfrac{1}{72}$$

Le rapport est donc $1\,\tfrac{71}{72}$ de cuivre contre $1\,\tfrac{1}{72}$ de zinc ; ce qui est à $\tfrac{1}{72}$ près le rapport de 2 à 1.

Un kilog. d'or pur vaut 3444,4. Sachant qu'à poids égal l'argent vaut 15 fois $\tfrac{1}{2}$ moins que l'or et le cuivre 40 fois moins que l'argent, on demande le prix d'un kilog. de cuivre.

$$15 + \tfrac{1}{2} = \tfrac{31}{2} \times 40 = 620 \text{ fois moins que l'or.}$$

$$
\begin{array}{l|l}
3444,44 & 620 \\
3444 & \\ \cline{2-2}
3444 & 5,55 \text{ prix de 1 kil. de cuivre.} \\
344 & \\
\end{array}
$$

Rép. 5 fr. 55 c.

DES PUISSANCES DES CHIFFRES ET DES RACINES.

1. En arithmétique, on appelle *puissance* les différents degrés *d'élévation* auxquels un nombre peut être porté en le *multipliant par lui-même.*

2. On appelle *racines* les nombres qui, *multipliés par eux-mêmes,* produisent les puissances.

3. On distingue les diverses puissances d'une quantité ou d'un nombre, par le *nombre de fois* que cette quantité est prise comme *facteur*. Ainsi la 1re puissance est le nombre *simple* et non encore multitiplié : 2. La 2° puissance ou *carré* est le produit d'un nombre multiplié *une fois* par lui-même : $2 \times 2 = 4$ carré. La 3° puissance ou *cube* est le produit d'un nombre $\times 2$ fois par lui-même : $2 \times 2 \times 2 = 8$. Les autres puissances n'ont pas de noms particuliers, on les désigne 4°, 5°, 6° puissances, etc., $2 \times 2 \times 2 \times 2 \times 2 \times 2 \times 2 = 128$ qui est la 7° puissance de **2**.

4. Les problèmes relatifs aux puissances sont au nombre de deux : l'élévation aux puissances et l'extraction des racines.

5. Pour indiquer la racine d'un nombre, on se sert d'un signe $\sqrt{}$ nommé *radical*, entre les branches duquel on indique le degré ou l'indice de la racine à extraire $\sqrt[3]{}$ c'est-à-dire racine cubique à extraire. Exemple :

$$81 \quad \sqrt[\substack{\text{indicat.}}]{3}\ \text{racine.}$$

6. Par abréviation, on désigne encore les puissances d'une autre façon, exemple : 16^4 indique la 4° puissance de 2 à 4, se nomme *exposant*.

10 est la racine *carrée* de 100 $(10 \times 10 = 100)$.

10 est la racine *cubique* de 1000 $(10 \times 10 \times 10 = 1000)$.

10 est la racine quatrième de 10000 $(10 \times 10 \times 10 \times 10 = 10000)$, d'où il résulte que pour obtenir une racine carrée de 2 chiffres, il en faut 3 au carré ; que pour avoir une racine cubique de 2 chiffres, il en faut 4 au cube ; et ainsi de suite pour toutes les autres ra-

cines, en augmentant toujours d'un chiffre par puissance.

De l'élévation aux puissances.

Pour élever un nombre à une puissance quelconque, il faut le $\times$ par lui-même autant de fois moins 1, qu'il y a d'unités dans le nombre qui indique cette puissance (moins 1 parce que la 1re puissance est le nombre lui-même avec sa valeur absolue, qui n'a pas besoin d'être multipliée pour être produite).

Ex. Élevez 2 à la 8e puissance :

$$
\begin{aligned}
2 \times 2 &= 4 && \text{2}^e \text{ puiss. ou carré.} \\
4 \times 2 &= 8 && \text{3}^e \text{ puiss. ou cube.} \\
8 \times 2 &= 16 && \text{4}^e \text{ puiss.} \\
16 \times 2 &= 32 && \text{5}^o \text{ puiss.} \qquad 256^8 \text{ exposant.} \\
32 \times 2 &= 64 && \text{6}^e \text{ puiss.} \\
64 \times 2 &= 128 && \text{7}^o \text{ puiss.} \\
128 \times 2 &= 256 && \text{8}^o \text{ puiss. de 2.}
\end{aligned}
$$

EXTRACTION DES RACINES.

1. Lorsqu'on sait extraire la racine carrée et la racine cubique d'un nombre, on sait extraire la racine de toutes les puissances.

Il faut savoir par cœur les carrés des 10 premiers nombres.

Nombres carrés.

1	2	3	4	5	6	7	8	9	10
1	4	9	16	25	36	49	64	81	100

Extraction de la racine carrée.

Pour extraire la racine carrée de plus de 2 chiffres, il faut : 1° diviser la somme en tranches de 2 chiffres en allant de *droite à gauche* (la 1ʳᵉ tranche à gauche peut n'avoir que 1 chiffre). 2° Prendre la racine de la première tranche à *gauche* et la placer à droite de la somme, sous la ligne horizontale du radical ; puis multiplier cette racine par elle-même et *soustraire* le produit de la tranche employée. 3° Il faut ensuite, descendre à côté du *reste*, s'il y en a, la tranche suivante, et la *diviser* aussi bien que le reste par un *diviseur* que l'on forme en *doublant* la racine obtenue, le quotient est le second chiffre de la racine. On répète cette opération autant de fois que l'on a de tranches.

Ex. Extraire la racine carrée de 4096 :

$$
\begin{array}{l|l}
4096 \quad \sqrt[2]{64} \text{ racine carrée exacte} & \sqrt[2]{4096} = 64 \\
496 \qquad \times\,2 & \\
000 \qquad \overline{124 \text{ diviseur.}} & \text{autre pose.}
\end{array}
$$

2. Il faut avoir à la racine autant de chiffres qu'il y a de tranches. Si la racine n'a pas de reste, elle est *exacte* ; si elle en a un elle est dite *irrationnelle* ou *incommensurable*.

3. Si l'on a des décimales ou si l'on veut rendre exacte autant que possible une racine incommensurable, on agit de la même manière que pour les entiers, seulement on a soin de mettre une virgule à la racine, lorsque l'on commence à abaisser les tranches décimales ou bien à y ajouter une tranche de 2 zéros.

Ex. Chercher la racine de 87567 à moins d'un centième près.

$$\begin{array}{ll}
8.75.67.00.00 & \sqrt[2]{295,91} \quad \text{racine incommensurable.} \\
475 & \times 2 \\
3467 & \overline{49} \quad 1^{er} \text{ diviseur,} \\
54200 & \\
101900 & \overline{585} \quad 2^e \text{ diviseur,} \\
42719 & \overline{5909} \quad 3^o \text{ diviseur,} \\
& \overline{59181} \quad 4^o \text{ diviseur.}
\end{array}$$

(On ne peut pas ne descendre que le 1er chiffre de la tranche).

4. Si après avoir fait la division, il restait un nombre qui égalât 2 fois plus 1 celui qui est à la racine, ce serait une preuve que le dernier chiffre qu'on y a mis est trop faible.

5. Pour faire la preuve, il suffit de multiplier la racine par elle-même et d'y ajouter le reste s'il y en a; le produit sera nécessairement le carré, dont on a extrait la racine.

Élever une fraction au carré.

6. Pour élever une fraction au carré, il suffit de multiplier par lui-même chaque terme de la fraction.

$Ex.$ $\frac{4}{5} = \frac{16}{25}$ carré de la racine.

Extraction.

7. Pour extraire la racine carrée d'une fraction, il faut extraire la racine de chaque terme séparément; ou bien si la fraction est irréductible multiplier les deux termes par le dénominateur, puis extraire la racine du produit. Exemples :

$$\frac{25}{36} \text{ a } \frac{5}{6} \text{ pour racine carrée.} \qquad \begin{array}{l} 12/22 \quad \sqrt[2]{\frac{10}{22}} \text{ racine.} \\ 22/22 \\ \overline{264/484} \end{array}$$

8. Afin de bien comprendre la méthode d'extraction de la racine carrée, il faut se souvenir que le *carré* est composé de dizaines et d'unités et renferme les 3 parties suivantes :

1° Le carré des dizaines.

2° Le *double* produit des dizaines par les unités.

3° Le carré des unités.

Ex. Élevez 56 au carré :

$$50 \times 50 \qquad = 2500 \text{ carré des dizaines.}$$
$$50 \times 2 \times 6 = 600 \text{ doub. prod. des diz. p}^r \text{ les un.}$$
$$6 \times 6 \qquad = 36 \text{ carré des unités.}$$
$$\overline{3136 \text{ carré de 56.}}$$

On pose encore :

$$50 + 6$$
$$50 + 6$$

RACINES CUBIQUES.

Extraction de la racine cubique.

1. Pour bien comprendre ce mode d'extraction, il faut savoir que le *cube* d'un nombre est formé de dizaines et d'unités et renferme les 4 parties suivantes :

1° Le cube des dizaines.

2° Le *triple* produit du *carré* des dizaines $\times$ par les unités.

3° Le *triple* produit des dizaines $\times$ par le *carré* des unités.

4° Le cube des unités.

Ex. Elevez 25 au cube :

$$20 \times 20 \times 20 \qquad = 8000 \text{ cub. des dizaines.}$$
$$20 \times 20 \times 5 \times 3 = 6000 \; \textit{triple} \text{ prod. du } \textit{carré} \text{ des diz. par les unités.}$$
$$20 \times 5 \times 5 \times 3 \;\; = 1500 \; \textit{triple} \text{ prod. des diz. par le } \textit{carré} \text{ des unités.}$$
$$5 \times 5 \times 5 \qquad\quad = \; 125 \text{ cube des unités.}$$

2. On appelle racine cubique d'un nombre, le nombre qui, élévé au cube, reproduit ce nombre donné.

Il est bon de connaître par cœur les cubes des 10 premiers nombres.

Nombres cubes.

1	2	3	4	5	6	7	8	9	10
1	8	27	64	125	216	343	512	729	1000

3. Dans l'extraction de la racine cubique d'un nombre entier on considère 2 cas : celui où le nombre donné est inférieur à 1000 ou 10^3 et celui où il est égal ou supérieur à 1000.

1er Cas. Dans le 1er cas, le plus grand cube ne peut être que l'un des 9 premiers nombres qu'on doit savoir. On sait donc immédiatement quelle est la racine à moins d'une unité, si le cube n'est pas parfait. Si cependant on ne savait pas ces 9 premiers cubes, on les calcule par grandeur croissante jusqu'à ce qu'on arrive au cube cherché.

Ex. $\sqrt[3]{258} = 6$ racine; en effet $6 \times 6 \times 6 = 216$, 6 est donc à moins d'une unité la racine cubique de 258.

2e Cas. Dans le second cas qui comprend tous les

nombres égaux ou supérieurs à 1000, il faut, *trois* chiffres n'en ayant qu'*un* pour racine, partager le total de
son cube en tranches de trois chiffres chacunes, en
commençant par la *droite;* il peut n'y en avoir que
1 ou 2 à la première tranche à *gauche.* C'est par cette
tranche que l'on commence l'extraction de la *racine,*
qu'il faut poser à droite du cube dans le radical. Puis
on la vérifie en la cubant et retranchant ce cube partiel de la 1re tranche. On doit avoir à la racine autant
de chiffres qu'on a de tranches au cube.

Ensuite on abaisse la seconde tranche, ou seulement
le premier chiffre (celui des centaines) de la tranche.
On se forme un *diviseur* en *triplant* le *carré* de la racine déjà obtenue; cela fait il sert de diviseur au dividende partiel qu'on s'est formé; le quotient formera
le second chiffre de la racine. Puis, comme la première
fois vérifier la racine en *cubant* et *soustrayant.* Agir de
même autant de fois qu'on a de tranches.

$$Ex. \quad \sqrt[3]{245864819}$$

$$245.864.819 \quad \sqrt[3]{626} \qquad 6 \times 6 = 36 \times 3 = 108 \, d.$$

ot. 216	$6^2 \times 3 = 108$ diviseur.
res. 29,864	
ot. 238328	$62^2 \times 3 = 1153.2$ diviseur.
res. 007536849	
ot. 245314376	
d.r. 000550443	

$$
\begin{array}{r}
62 \\
62 \\
\hline
3844 \\
62 \\
\hline
238328 \; c.
\end{array}
$$

$$626$$
$$626$$
$$\overline{3756}$$
$$1252$$
$$3756$$
$$\overline{391876}$$

626 est donc la racine   626

à moins de 1 unité.   2351256
                                 783752
                          2351256
                          $\overline{245314376}$ cube de la racine.

              Reste   550443

          Preuve   245864819

4. La preuve se fait en cubant la racine et ajoutant le reste, si elle est incommensurable.

5. Par le moyen des fractions décimales, on approche aussi près que possible de la racine exacte. Pour faire des décimales, il suffit de faire autant de tranches de 3 chiffres qu'on veut obtenir de chiffres à la racine, et séparer les entiers des décimales obtenues à la racine.

6. Pour extraire la racine cubique d'une fraction, il faut, si les deux termes sont des cubes parfaits, extraire la racine de chaque cube.

$$Ex. \quad \sqrt[3]{\tfrac{512}{729}} = \tfrac{8}{9} \text{ racine cubique.}$$

Mais si ces deux termes ne sont pas des cubes parfaits, il faut multiplier les deux termes de la fraction par le *carré* du dénominateur, puis extraire la racine de chaque terme.

On élève une fraction au cube en multipliant chaque terme 2 fois par lui-même.

DES PROGRESSIONS.

1. On distingue deux sortes de progressions ; les progressions arithmétiques et les progressions géométriques.

PROGRESSIONS ARITHMÉTIQUES.

2. La progression arithmétique ou par différence est une suite de nombres tels, que chacun *surpasse* celui qui le précède immédiatement, ou en est surpassé d'un nombre *constant* qu'on appelle *raison* de la progression. De là les progressions croissantes et décroissantes.

3. On les définit encore une suite de termes dont la différence du 1er au 2e est la même que celle du 2e au 3me et ainsi de suite.

Cette progression s'indique par ce signe ÷ et se se sépare par un point.

$$Ex. \div 2 . 4 . 6 . 8 . 10 .$$

Lisez : 2 est à 4 comme 6 est à 8, etc.

Propriétés essentielles.

4. La somme du 1er *terme* et du *dernier* est égale à celle du 2e et de l'avant-dernier, et ainsi de suite.

Chaque terme d'une progression est composée du 1er *terme plus* autant de fois la *raison* qu'il y a de termes *avant* lui, si la progression est *croissante,* et *moins* autant de fois la raison si elle est *décroissante.*

$Ex. \div 2 . 4 . 6 . 8 . 10 . 12 .$	$\div 1 . 4 \ 7 . 10 . 13 . 16 .$
$2 + 12 = 14$	4 est composé du 1er T.
$4 + 10 = 14$ som. égale	plus la raison 3.
$6 + 8 = 14$	7 est composé du 1er T.
	plus 2 fois la raison.

5. Dans les progressions arithmétiques, il y a 5 choses à considérer :

La *raison* ou différence entre chaque terme.

Le *nombre* des termes ou moyens arithmétiques insérés.

Le 1er *terme*, — le *dernier* terme, — la *somme* ou réunion des termes. De là 5 espèce de problèmes.

Trouver la raison.

Pour la trouver il faut *ôter* le 1er terme du dernier et le *reste* sera nécessairement composé d'*autant de fois* la *raison* qu'il y a de termes *moins* 1 ; alors il suffira de *diviser* ce reste par le nombre des termes *moins* 1 ; le quotient sera la réponse.

Exemple. Un ouvrier a travaillé 40 jours; le 1er jour il a reçu 6 fr. et le dernier 84. Quelle différence y avait-il entre le paiement de chaque jour.

$$\text{D. t.} \quad \text{1er t.} \quad \text{Reste} \quad \text{N. des t. 1}$$
$$84 - 6 = 78 : 39 = 2 \text{ raison.}$$

Rép. 2 francs.

Trouver le nombre des termes.

7. Il faut *ôter* le 1er terme du dernier et *diviser* ce reste par la *raison*, le quotient sera le nombre des termes moins 1 (cet 1 est le 1er terme qu'on ajoute).

Exemple. Un ouvrier a reçu 6 fr. le 1er jour et 84 fr. le dernier, à raison d'une augmentation de 2 fr. par jour, combien de jours a-t-il travaillé ?

$$\text{D. t.} \quad \text{1er t.} \quad \text{Reste} \quad \text{Raison} \quad \text{N. des t.}$$
$$83 - 6 = 78 : 2 = 39 + 1 = 40 \text{ jours.}$$

Rép. 40 jours.

Trouver le 1er terme.

faut multiplier le nombre des termes moins 1 par

la raison ; retrancher ce produit du dernier terme ; le reste sera le 1er terme cherché.

Exemple. Après 40 jours de travail un ouvrier a reçu 84 fr. le dernier jour, à raison d'une augmentation de 2 fr. par jour. Combien a-t-il reçu le 1er jour?

$$39 \times 2 = 78 \qquad 84 - 78 = 6 \quad 1^{er} \text{ terme.}$$

Rép. 6 francs.

Si la progression était décroissante, il faudrait ajouter au lieu de soustraire.

Trouver le dernier terme.

9. Il faut multiplier le nombre des termes moins 1 par la raison, ajouter le 1er terme au produit ; le total sera le dernier terme.

Exemple. Un ouvrier a travaillé 40 jours ; le 1er jour il a reçu 6 fr., et depuis une augmentation de 2 fr. par jour ; combien a-t-il reçu le 40e jour?

$$39 \times 2 = 78 + 6 = 84 \text{ dernier terme.}$$

Rép. 84 francs.

Trouver la réunion des termes.

10. Il faut additionner le 1er terme et le dernier, puis dire si 2 jours me donnent *tant*, combien mon nombre des termes me donnera-t-il ?

Exemple. Quelle somme a dû recevoir après 40 jours de travail un ouvrier qui a reçu 6 fr. le 1er jour et 84 fr. le dernier, à raison d'une augmentation de 2 fr. par jour.

$$84 + 6 = 90 \qquad \frac{2 \text{ j.}}{1} \quad \frac{90 \times 40}{2} = 1800 \text{ fr. somme ou réunion.}$$

90 gain du 1er et du der. 40

Il y a encore une méthode plus courte qui consiste

à $\times$ le total du 1er et du dernier terme par la *moitié* du nombre des termes. Même exemple.

$$\overset{\text{1/2 du n. d. t.}}{84 + 6 = 90 \times 20} = 1800 \text{ francs.}$$

Manière d'insérer entre 2 termes une suite de moyens proportionnels arithmétiques, c'est-à-dire placer entre 2 nombres une certaine quantité de termes de manière que l'ensemble forme une progression.

Il faut d'abord déterminer la *raison*, ce qui se fait en *ôtant* le plus petit nombre du plus grand, puis *diviser* ce reste par le nombre des moyens demandés *plus* 1. La raison trouvée, il suffit de l'ajouter ou de retrancher la raison à chaque moyen, selon que la progression est croissante ou décroissante.

EXEMPLE Insérer 6 moyens arithmétiques entre 2 et 23.

$$23 - 2 = 21 : 7 = 3 \text{ raison.}$$
$$\div 2 . \overset{1}{5} . \overset{2}{8} . \overset{3}{11} . \overset{4}{14} . \overset{5}{17} . \overset{6}{20} . 23.$$

Les nombres fractionnaires et décimaux s'insèrent de la même manière. Insérer 8 moyens entre 5 et 36.

$$36 - 5 = 31 : 9 = 3 + \tfrac{4}{9} \text{ raison.}$$
$$\div 5 . 8 + \tfrac{4}{9} . 11 + \tfrac{8}{9} . 15 + \tfrac{3}{9} . 18 + \tfrac{7}{9} . 22 + \tfrac{2}{9} .$$
$$25 + \tfrac{6}{9} . 29 + \tfrac{1}{9} . 32 + \tfrac{5}{9} . 36.$$

PROGRESSIONS GÉOMÉTRIQUES.

La progression géométrique ou par *quotient* est une suite de termes dont chacun contient celui qui le précède, ou y est contenu un même nombre de fois, selon qu'elles sont croissantes ou décroissantes. C'est encore une suite de termes, tels qu'en divisant chaque terme par celui qui le précède le *quotient* demeure constant. Ce quotient est la *raison* ou rapport géométrique.

Cette progression s'indique par $\div$ et chaque terme se sépare par 2 points (**:**); elle se lit comme les précédentes.

Ex. $\div$ 81 : 27 : 9 : 3 : 1   ou bien 1 : 3 : 9 : 27 : 81

$$3 : 1 = 3$$
$$9 : 3 = 3$$
$$27 : 9 = 3 \quad \text{raison géométrique.}$$
$$81 : 27 = 3$$

Propriétés fondamentales.

2. Un terme quelconque d'une progression géométrique est composé du 1er terme $\times$ par la raison élevée à une *puissance* indiquée par le nombre des termes qui le précèdent, moins 1.

Il résulte de là qu'un terme d'un rang quelconque est égal au 1er terme $\times$ par la raison prise autant de fois comme *facteur*, qu'il y a de termes avant lui.

3. Dans les progressions géométriques, il faut considérer :

1° La raison ou rapport, ou facteur; 2° le 1er terme; 3° la réunion des termes.

On peut encore avoir à chercher le dernier terme, ou un terme quelconque de la progression, ou bien avoir à insérer un certain nombre de moyens géométriques entre 2 termes donnés.

Toutes ces choses se cherchent par diverses méthodes ; la manière d'opérer est la même pour les progressions croissantes ou pour les décroissantes, sauf qu'il faut dire *multiplier* ou *diviser*, *contenu* ou *être contenu* selon l'espèce.

Chercher la raison.

4. Il faut connaître le nombre des termes et 2 termes de la progression, ensuite diviser le plus grand par le plus petit, et *extraire* du quotient une racine indiquée par le nombre des termes moins 1.

Ex. Pendant 5 jours un capitaine a distribué une somme à ses soldats : le 1er jour il ne leur a donné que 4 fr. et les jours suivants la somme a été $\times$ par un nombre qu'on voudrait connaître, sachant que le 5e jour ils ont reçu 324 fr.

$$324 : 4 = 81 \quad \sqrt[4]{3} \qquad 3 \times 3 = 9$$
$$0 \qquad\qquad\qquad 9 \times 3 = 27$$
$$\text{Raison} \quad 27 \times 3 = 81$$

Rép. 3 raison du terme.

Chercher la somme ou réunion du terme.

5. Il faut connaître le 1er terme, le dernier et la raison ; puis *multiplier* le dernier terme par la raison, *soustraire* le 1er terme du produit, *diviser* le reste par la raison moins 1. Le quotient sera la réponse.

Ex. Le 1er terme d'une progression est 4 ; la raison 3 ; le 5e et dernier terme 324 ; quelle est la somme ou reste des termes.

$$\overset{\text{Raison}}{324} \times 3 = 972 \overset{\text{1}^{er}\text{ t.}}{-4} = 968 \overset{\text{R.}-1}{\div 2} = 484 \text{ réunion d. ter.}$$

Autre manière. Equation,

$$4 \times 3 = 12$$
$$12 \times 3 = 36$$
$$36 \times 3 = 108$$

Rép. 484 réun. $\qquad 108 \times 3 = 324$ der. ter.

des termes. $\qquad\qquad 160 \qquad\qquad 480$

$\qquad\qquad\qquad\qquad 324$ d. ter. $\qquad 4$ 1er ter.

$$\text{Tot.} \quad 484 \qquad\qquad 484 \text{ tot.}$$

Dans le 1er membre de l'équation il manque le dernier terme ; dans le 2e il manque le 1er terme ; en les ajoutant l'équation doit être parfaite.

Chercher le 1er terme.

6. Il faut connaître un terme quelconque et la raison, qu'on élève à une puissance marquée par le nombre des termes moins 1 ; puis diviser le terme connu par la raison élevée à la puissance marquée.

Ex. Trouver le 1er terme d'une progression dont la raison est **2** et le 5e terme **48**.

$$2 \times 2 = 4 \qquad 48 : 16 = 3 \; 1^{er} \text{ terme.}$$
$$4 \times 2 = 8$$
$$8 \times 2 = 16$$

Raison élevée à la 4e puissance.

La preuve se fait en multipliant le 1er terme trouvé par la raison prise autant de fois comme facteur moins 1 que le nombre des termes l'indique.

$$1^{er} \text{ ter.} \quad 3 \times 2 = 6$$
$$6 \times 2 = 12$$
$$12 \times 2 = 24$$
$$24 \times 2 = 48 \text{ d. ter. retrouvé.}$$

7. Insérer une suite de moyens proportionnels géométriques entre 2 termes.

Cela se réduit à trouver la raison de la progression, puis à multiplier le 1er terme par autant de fois la raison qu'il y a de moyens demandés. Pour trouver la raison, il faut diviser le dernier terme par le 1er terme et extraire la racine de ce quotient. La racine à chercher est indiquée par le nombre des termes *plus* 1.

Ex. Insérer 5 moyens géométriques entre 4 et 2916.

$$2916 \quad \sqrt[6]{3} \text{ raison.} \quad 3 \times 3 = 9$$

1/4   729 $9 \times 3 = 27$

000               $27 \times 3 = 81$

$$81 \times 3 = 243$$

$$243 \times 3 = 729 \text{ 6}^e\text{ puis. de 3}$$

1er ter.   4   3 = 12   1er moyen.

$$12 \times 3 = 36$$

$$36 \times 3 = 108$$

$$108 \times 3 = 324$$

$$324 \times 3 = 972 \quad \text{5}^e \text{ moyen demandé.}$$

$$972 \times 3 = 2916 \quad \text{dernier terme retrouvé.}$$

S'il y a une fraction à la raison, il ne faut pas l'abandonner.

DES CHIFFRES ROMAINS.

On se sert encore de chiffres romains pour exprimer le millésime du siècle et dans quelques autres cas. Ils se représentent par des lettres qui ont toutes une valeur intrinsèque et une valeur relative. Ces chiffres sont au nombre de sept :

I = un, V = cinq, X = dix, L = cinquante,
C = cent, D = cinq cents, M = mille.

Trois règles suffisent pour exprimer la manière de s'en servir.

1° Une lettre *seule* ou plusieurs lettres de *même valeur* à côté les uns des autres, *conservent* leur valeur intrinsèque. Ex. L = 50, XXX = 30.

2° Pour *augmenter* les nombres, on place les lettres

d'une valeur inférieure, à la *droite* des lettres d'une valeur supérieure. Ex. CXVI $=$ 116,   XV $=$ 15.

3° Pour *diminuer* un nombre, on place les lettres inférieures à *gauche* des supérieures qui *perdent* alors toute la valeur du chiffre inférieur placé avant lui. Ex. XL $=$ 40, XIX $=$ 19.

Chiffres romains jusqu'à 10.

I	II	III	IV	V	VI	VII	VIII	IX	X
1	2	3	4	5	6	7	8	9	10

TABLE DE MULTIPLICATION.

1	2	3	4	5	6	7	8	9	10	11	12
2	4	6	8	10	12	14	16	18	20	22	24
3	6	9	12	15	18	21	24	27	30	33	36
4	8	12	16	20	24	28	32	36	40	44	48
5	10	15	20	25	30	35	40	45	50	55	60
6	12	18	24	30	36	42	48	54	60	66	72
7	14	21	28	35	42	49	56	63	70	77	84
8	16	24	32	40	48	56	64	72	80	88	96
9	18	27	36	45	54	63	72	81	90	99	108
10	20	30	40	50	60	70	80	90	100	119	120
11	22	33	44	55	66	77	88	99	110	121	132
12	24	36	48	60	72	84	96	108	120	132	144

Il sera bon aussi d'exercer les très-jeunes enfants à faire des tables d'addition, pour leur apprendre à chiffrer vite et exactement.

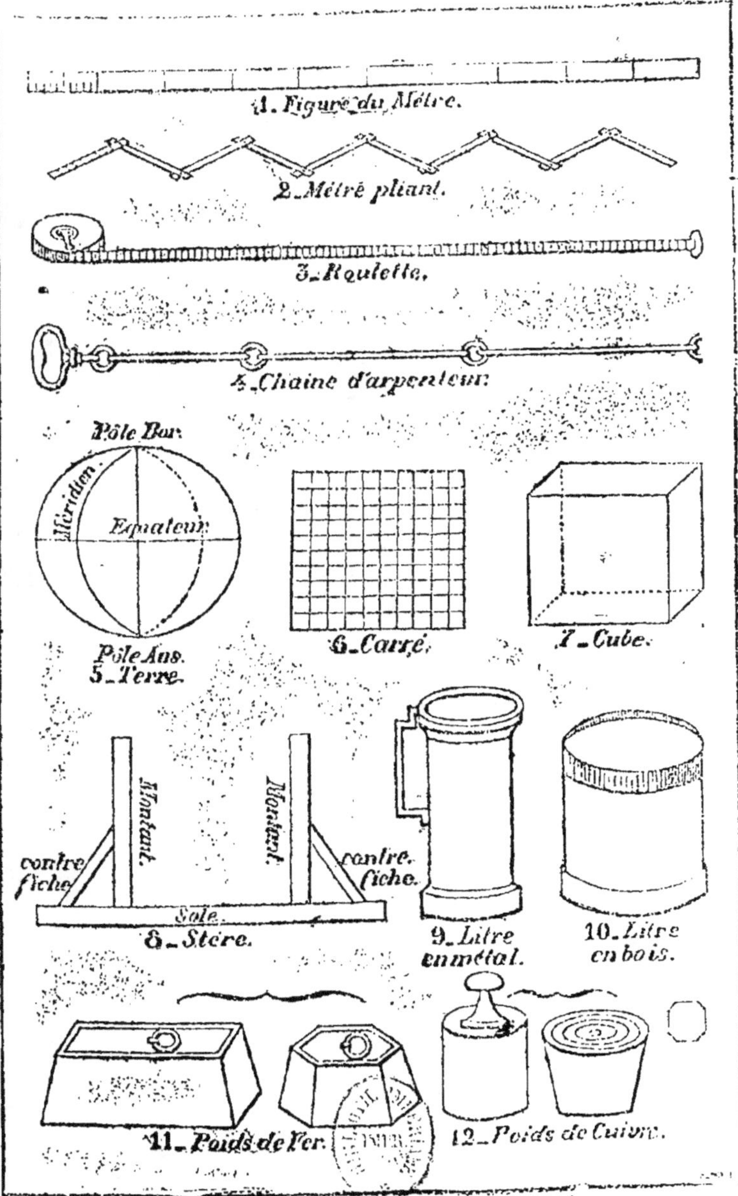
1. Figuré du Mètre.
2. Mètre pliant.
3. Roulette.
4. Chaine d'arpenteur.
Pôle Bor.
Méridien
Equateur
Pôle Aus.
5. Terre.
6. Carré.
7. Cube.
Montant.
Montant.
contre fiche.
contre fiche.
Sole.
8. Stère.
9. Litre en métal.
10. Litre en bois.
11. Poids de Fer.
12. Poids de Cuivre.

TABLE DES MATIÈRES

Paris. — Imp. Divry et Cⁱᵉ, rue N.-D. des Champs, 40.